포스트휴먼 오디세이

*이 저서는 2016년 대한민국 교육부와 한국연구재단의 지원을 받아 수행된 연구입니다
(NRF-2016S1A5A2A03926283).

포스트휴먼 오디세이

홍성욱 지음

휴머니즘에서 포스트휴머니즘까지, 인류의 미래를 향한 지적 모험들

Humanist

차례

프롤로그 인간과 세상에 대한 새로운 감수성을 찾아서 8

1부 트랜스휴머니즘

1장 진화론, 인간에 대한 관념을 바꾸다 18
2장 트랜스휴먼, SF의 옷을 입다 34
3장 사이버네틱스가 인간을 새롭게 정의하다 46
4장 인간과 기계의 잡종 사이보그가 태어나다 62
5장 로봇에 대한 공포, 인간의 상상력을 자극하다 76
6장 인공지능이 체스 세계 챔피언을 꺾다 90
7장 앨런 튜링이 생각하는 기계를 검증하는 방법을 고안하다 106
8장 초지능, 인류의 친구인가 적인가 124

인터메조 휴머니즘에 대한 비판에서 포스트휴머니즘으로 138

2부 포스트휴머니즘

9장 성찰적인 사이버네틱스, 자기 생성 개념으로 이어지다 146

10장 패러다임이 과학을 다시 정의하다 168

11장 새로운 기술철학, 인간-기술의 혼종을 고민하다 182

12장 인공지능, 격렬한 논쟁의 핵이 되다 200

13장 동물은 기계가 아니라는 새로운 감수성이 출현하다 218

14장 가이아, 지구에 대한 거대한 비전이 만들어지다 236

에필로그 포스트휴머니즘과 인류세 254

감사의 말 260

참고문헌 262

그림 출처 267

찾아보기 268

포스트휴먼 오디세이

프롤로그

인간과 세상에 대한 새로운 감수성을 찾아서

이 책의 목표는 포스트휴머니즘posthumanism이라고 부를 수 있는, 인간과 세상에 대한 새로운 감수성이 어떻게 만들어졌는가를 살펴보는 것이다. 포스트휴머니즘은 철학의 한 사조로도, 지금 우리 시대를 특징짓는 시대정신과 비슷한 것으로도 볼 수 있다. 그렇지만 나는 포스트휴머니즘의 핵심 정신을 포착하는 데 가장 적절한 용어가 무엇인지 오래 고민하다가 '감수성'이라는 단어를 선택했다. 감수성이란 외부 세상을 받아들여서 인지하고 느끼는 능력을 의미한다. 단순히 아는 것만이 아니라, 느끼고 몸으로 행하는 것을 포함하는 개념이다. 감수성은 다양하고 복잡하게 엉켜 있는 세상을 포용하고 공감하며 애정하는 적극적인 심성이다.

포스트휴먼 감수성을 가진 사람은 그렇지 않은 사람에 비해 타인, 공동체, 동물, 자연 같은 외부 세상을 다르게 보고, 다르게 느낀다. 나와 이 세상이 끈끈하게 연결되어 있고, 타인과 동식물과 지구의 고통이 나의 고통임을 느낀다. 내가 먼저 존재하고, 이렇게 먼저 존재하는 내가 세상과 관계를 맺어나가는 것이 아니라, 나의 존재가 나와 세상 사이에 만들어지는 관계들의 총합이라고 생각한다.

이런 의미에서 감수성으로서의 포스트휴머니즘은 휴머니즘humanism이나 트랜스휴머니즘transhumanism과 다르다. 휴머니즘은

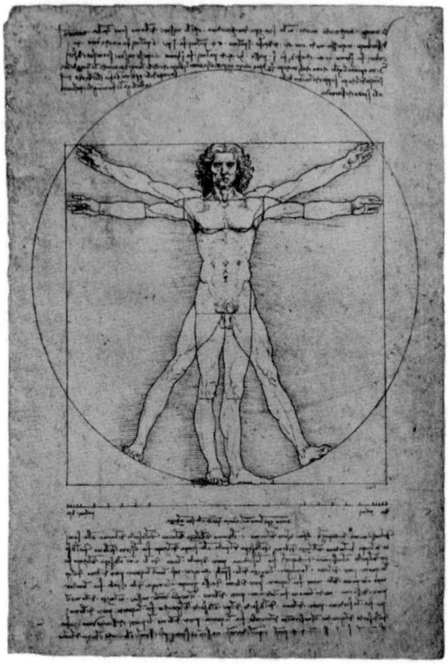

다빈치가 그린 인체 그림
〈비트루비우스적 인간〉.

로마 시대에도 있었지만, 이후 르네상스 시대에 본격적으로 등장했다. 신이나 종교만이 아니라 인간과 인간의 삶을 중요하게 생각한 사상이다. 르네상스 휴머니즘은 예술 분야를 비롯해 철학, 과학, 사회사상에 큰 영향을 주었다. 레오나르도 다빈치Leonardo da Vinci가 그린 인체 그림 〈비트루비우스적 인간Vitruvian Man〉은 우주의 중심이 인간이라는 당시 휴머니즘, 인본주의, 인간중심주의를 상징적으로 보여준다.

다빈치보다 조금 뒤의 시기에 살았던 사상가 프랜시스 베이컨Francis Bacon은 인간이 이성과 실험을 통해 편견과 오류의 근원인

종족의 우상(감각의 한계나 오류), 동굴의 우상(개인의 편견이나 선입견), 시장의 우상(언어의 문제), 극장의 우상(학파의 오류)을 극복하면서, 진정한 지식을 발견함으로써 부를 축적하고 사회·경제적 진보를 이룰 수 있다고 믿었다. 합리주의자 르네 데카르트René Descartes 또한 인간이 이성으로 세상에 대해 부정할 수 없는 진리를 발견할 수 있다고 주장했다. 그에 따르면 세상은 정신세계와 물질세계로 나뉘는데, 후자는 생기력 없는 물질과 운동으로만 이루어졌다고 했다. 자연은 죽은 것이 되었고, 신이 부여한 합리적인 영혼을 가진 인간은 다른 동물과 확연히 구별되는 존재가 되었다. 데카르트 이후 인간의 능력 중 특히 이성이 강조되었는데, 뉴턴의 물리학은 인간이 이성으로써 우주의 진리를 발견했음을 보여주는 증거로 받아들여졌다. 인간 개개인의 가능성과 존엄성이 강조됐고, 사회사상에서는 모든 인간의 자유, 평등, 우애 같은 근대적인 인권론이 등장했다.

인간의 가치와 존엄성이 인식되고, 인간 이성이 가진 힘이 과학기술의 발전으로 확연하게 드러나면서 몇몇 사상가들은 인간의 한계를 초월하는 상황을 꿈꾸었다. 사실 이런 이상은 중세와 근대 시대에 연금술사의 이상과 비슷했다. 연금술사들은 값싼 금속을 금으로 바꾸어주는 '철학자의 돌'을 찾아 나섰는데, 철학자의 돌은 인간에게 영생과 불멸을 가져다주는 것이기도 했다. 실제로 당시 프랑스의 한 유명한 연금술사는 몇백 년을 살았다고 알려졌다. 17세기 이후 연금술은 서서히 자취를 감추었지만, 과학의 발전과 함께 불멸을 향한 꿈은 다시 등장했다. 18세기 프랑스 사상가 니콜라 드 콩도르세Nicolas de Condorcet나 영국의 정치사상가 윌리엄 고드윈William Godwin 등은 과학의 발전이 인간의 수명을 점차 늘려나가서, 궁극적으로는 인간이 죽지 않는 세상이 오리라고 내다봤다.

콩도르세나 고드윈의 사상은 과학으로 죽음이라는 인간의 한계를 초월한다는 점에서 트랜스휴머니즘의 초기 형태라 할 수 있다. 그렇지만 트랜스휴머니즘이 본격적으로 등장한 것은 찰스 다윈Charles Darwin의 진화론 이후다. 다윈의 진화론은 인간이라는 종이 진화를 통해 서서히 만들어졌으며, 이 진화가 미래에도 계속 진행된다고 보았다. 진화가 계속된다면 인간은 지금과는 다른 형태가 될 것이기 때문에, 트랜스휴먼transhuman 또는 trans-human은 진화의 결과로 나타난 미래 인간을 의미했던 것이다. 초기 트랜스휴머니스트들은 과학기술의 발전으로 진화를 앞당길 수 있고, 미래에는 인간의 평균수명이 3,000살이 될 수 있다고 생각했다.

20세기에 들어와 기술의 급속한 발전에 대한 기대가 트랜스휴머니즘 사상과 중첩되었다. 기술의 발전으로 인간의 나약한 육체를 대체할 수 있다는 희망과 미래에는 인간에게서 추출한 기억을 기계에 보존함으로써 영혼이 영생할 것이라는 전망까지 나왔다. 20세기 중엽에는 인간과 기계가 결합해 인간의 한계를 극복한 사이보그에 대한 여러 상상이 등장했고, 마치 인간처럼 생각하는 것 같은 인공지능 컴퓨터를 보고 가까운 미래에 초지능이 나올 것이라는 예측도 제기되었다. 이 같은 흐름 속에서 기술을 잘 이용해서 불멸의 꿈을 실현하겠다는 계획을 추진하는 사람도 나타났다. 냉동 인간이 되어 과학기술이 고도로 발달한 미래에 다시 깨어나서 병을 고치고 영생을 하자고 외쳤던 과학자는 실제로 미래에 깨어날 냉동 인간 지원자들을 모으기 시작했다.

쾌적한 환경에서 건강하게 오래 살고 싶어 하는 인간의 꿈 자체를 나무랄 수는 없다. 그런데 이런 꿈이 실현되기 위해서는 나와 세상이 공생하는 관계가 아니라, 착취하는 관계가 된다는 것이 문제다. 강한 나라는 약한 나라를 착취하고 억압함으로써 풍요롭고 쾌적한 삶을 영위했다. 사회의 지배자들은 피지배자들을 착취하고, 남성은 여성을 착취하고, 인간은 환경과 동물을 착취했다. 휴머니즘이 강조한 인간중심주의에서의 '인간'은 주로 백인과 남성, 지배자로서의 인간을 의미했다. 휴머니즘의 등장 이후 이성에 대한 믿음이 생기고, 개인의 보편적 인권이라는 개념도 등장했지만, 또 한편으로는 '우리' 안에 포함되지 않는 다른 인간, 다른 종, 다른 존재를 배제하는 건강하지 못한 인간중심주의가 몇

세기 동안 지속되었다. 이런 정복적인 인간중심주의는 '인간을 초월한 인간'을 지향하는 트랜스휴머니즘으로 이어졌다. 그런 탓에 최근 전 세계적으로 유행하는 트랜스휴머니즘의 주창자들이나 핵심 추종자들이 미국과 유럽의 돈 많은 백인 남성이라는 사실은 별로 낯설지 않은 이야기다.

포스트휴머니즘은 휴머니즘 이후post를 지향하는 감수성이다. 포스트휴머니즘은 인간의 이성과 과학기술의 진보에 대해 겸손한 태도를 견지하면서, 인간과 동물, 인간과 환경, 인간과 인공지능 로봇이 서로를 형성하고 서로 의존하는 관계임을 강조한다. 포스트휴머니즘은 인간에게만 의식과 인식이 있다는 휴머니즘에서 벗어나, 모든 생명체에 인지 과정이 있다고 생각한다. 인간의 의지를 부정하지 않지만, 이런 의지의 발현이 인간과 인간을 둘러싼 존재들의 관계에 상처를 내는 것을 경계한다. 포스트휴머니즘은 기계와 인간이 결합해서 사이보그를 만들 것이라는 전망이나, 인공지능이 독자적인 의식을 획득해 인간을 위협할 것이라는 전망에 유보적이거나 회의적이다. 대신 인간과 기계의 연결이 둘 모두에 새로운 가능성과 역량을 부여하는 것을 중요하게 생각한다. 유기체가 기계적 특성을, 기계가 유기체적인 속성을 획득한다면, 우리는 더 이상 환경을 죽은 것이라고 생각하기 힘들어진다. 생명이 있어서 자연은 살아 있는 것이 된다. 지구는 생명을 가진 가이아Gaia가 되며, 생명은 기계적인 우주에 균열을 내는 존재로 다시 인식된다. 포스트휴머니즘은 가이아 속에서 인간의 위치와 책임에 대해 성찰한다.

이런 포스트휴머니즘 감수성은 20세기 이후 과학, 공학, 철학이라는 서로 다른 지적 전통에서, 서로 다른 문제를 해결하는 과정에서 예기치 않게 조금씩 발전했다. 수십 년의 시간이 흐르면서 이런 새로운 사상적 조류들이 비슷한 지향성을 가지고, 비슷한 지점을 가리키고 있다는 것이 서서히 밝혀졌다. 이 책은 이런 서로 다른 문제의식과 지적인 전통이 어떻게 서서히 결합해서 포스트휴머니즘이라는 하나의 거대한 감수성의 전환을 이루었는지를 살펴보기 위해 기획되었다. 몇 가지 다른 지적·실천적 전통이 하나의 흐름을 이루는 거대한 지적 모험의 과정이 담긴 이 책에 '오디세이'라는 이름을 붙여도 괜찮을 듯싶다. 거대한 모험의 과정을 따라가는 것도 하나의 모험이다. 독자 여러분이 이 지적 모험에 즐겁게 함께하길 기대한다.

1 부

트랜스휴머니즘

1장

진화론,
인간에 대한
관념을 바꾸다

2004년, 국제 문제 전문지로 널리 알려진 《포린 폴리시Foreign Policy》는 저명한 지식인들에게 "인류의 복지에 가장 큰 위협이 되는 생각은 무엇인가?"라는 질문을 던졌다. 그중 《역사의 종언The End of History》으로 유명한 프랜시스 후쿠야마Francis Fukuyama는 "세상에서 가장 위험한 생각은 트랜스휴머니즘"이라고 답변했다. 후쿠야마에 따르면 트랜스휴머니즘 이념과 운동은 인간을 인간의 생물학적인 조건에서 해방시키려는 급진적인 것으로, 과거의 노예해방운동, 노동해방운동, 여성해방운동보다 훨씬 더 과격하고 혁명적인 파급효과가 있다는 것이다. 과거의 해방운동이 특정 계층의 해방에 국한되었다면, 트랜스휴머니즘은 인류 전체를 대상으로 하기 때문에 미래 인류의 운명을 바꿔놓을 수 있는 운동이라는 것이다.

트랜스휴먼과 트랜스휴머니즘

트랜스휴먼이란, 글자 그대로 지금의 인간을 초월한 인간을 말한다. 즉, 자연적인 진화나 기술적·의학적 방법을 통해 지금의 인간보다 더 큰 힘과 능력을 갖게 된 인간으로, 트랜스휴머니즘은 이런 트랜스휴먼의 조건을 인위적으로 만들기 위한 운동이나 이를 지향하는 이념을 의미한다. 일부 트랜스휴머니스트는 죽음을 초월한 영생을 꿈꾸기도 한다. 트랜스휴먼 운동은 국제적 규모의 학회와 모임으로 발전했고, 피터 틸Peter Thiele 같은 실리콘 밸리의 부호에게서 열광적인 지원을 받고 있다. 이런 움직임이 전 세계에 큰 파장을 불러일으키면서 최근에는 사회운동 차원으로 발전했는데, 그 단초가 마련된 것은 150여 년에 지나지 않는다.

전통적으로 기독교에서는 신이 모든 생명체를 만들었지만, 인간만은 신의 모습을 본 떠 만들었다고 여겼다. 그렇지만 인간과 전지전능한 신 사이에는 분명한 경계가 있고, 신의 영역을 침범하지 않는 한 인간은 더 이상 발전하는 것이 불가능했다. 고대 그리스 과학자들 또한 모든 생명체가 변치 않는 본질을 생명체 안에 가지고 있다고 생각했다. 이런 생각들이 결합해서 지구상의 모든 생명체는 변치 않는 본질을 가지면서 위계를 이루고 있다는

'존재의 대사슬Great Chain of Being' 이론이 등장했다. 광물, 식물, 동물, 인간은 위계를 이루면서 지구상에 존재하며, 각각의 존재는 자기 위치에서 영원히 변하지 않는다는 것이다. 쉽게 말해 "콩 심은 데 콩 나고, 팥 심은 데 팥 난다"는 말이다.

서양의 기독교 사상에서는 인간이 죽으면 육체는 소멸하지만 영혼은 불멸한다고 생각했다. 근대에 들어와서 로마 가톨릭에 반기를 들었던 개신교의 몇몇 신학자들은 인간의 영혼이 천당이나 지옥에서 불멸한다는 생각은 기독교 교리에 어긋난다고 보았다. 이들은 사람이 죽으면 영혼도 깊은 잠을 자는 것처럼 활동을 멈추고(즉, 죽고), 나중에 심판의 날에 일부 영혼이 다시 살아난다고 보았다. 즉 영혼과 육체가 모두 불멸인 존재는 오로지 신뿐이다. 이런 상황에서 영생에 대한 갈망은 주류 철학이나 신학이 아니라, 철학과 과학의 변방에서 생겨났다. 육체의 죽음을 극복해 영원히 사는 것은 불사를 염원해 불로초를 얻으려 했던 메소포타미아의 길가메시Gilgamesh 서사시나, 르네상스 시대에 주류 철학이나 신학에서 상당히 의심스러운 눈으로 봤던 연금술 같은 분야에서나 추구하던 것이었다.

이런 상황은 17세기 과학혁명기를 거치면서 변화했다. 17~18세기 과학과 의학의 발전으로 인간의 수명이 연장될 수 있고, 더 나아가 미래에는 인간의 수명이 확 늘어날 수 있다는 기대가 생겨났고 몇몇 사람들은 불멸 및 불사에 대해서 얘기하기 시작했다. 1780년 벤저민 프랭클린Benjamin Franklin은 화학자 조지프 프리스틀리Joseph Priestley에게 보낸 편지에 1,000년 뒤에는 인간이 물질을 통제하는 능력이 현저하게 발달할 뿐만 아니라 수명도 늘어나서, 인간이 노아의 대홍수 이전의 평균수명보다 더 오래 살 것이라고 적었다. 프리스틀리 역시 지식의 발전이 인간 수명의 연장을 가져올 것이라고 믿던 사람이다.

영국의 사상가 윌리엄 고드윈 또한《정치적 정의와 그것이 보편 미덕과 행복에 미치는 영향에 관한 고찰Enquiry Concerning Political Justice and Its Influence on Morals and Happiness》에서 미래에 인간이 물질을 통제하는 능력이 향상되면 육체를 구성하는 물질을 통제하는 능력도 향상될 것이고, 이는 결국 인간의 '불멸'로 이어진다고 내다보았다. 그는 "지구가 더 많은 인구를 받아들이기를 거부할 시점에 살아 있는 사람들은, 실수건 의무에서건, 더는 자식을 낳을 동기가 없어진다. 덧붙여 그들은 아마도 영생을 살 것이다. 지구 전체 인구는 어른들로 구성되고, 아이들은 없을 것이다. 후세대가 세대를 교체할 일도 없을 것이고, 진리가 30년을 주기로 새롭게 태어날 일도 없을 것이다"라는 낙관론을 피력했다.

프랑스의 사상가 니콜라 드 콩도르세는 진보를 믿었던 계몽철학자였다. 그는 자기 시대에 "학교를 졸업하는 젊은이는 수학에서 뉴턴이 천재성으로 발견한 것보다 많은 것을 안다. 또한 이 젊은이는 뉴턴 당시에는 몰랐던 편리한 계산 도구를 다룰 줄 안다"고 적었다. 평범한 학생이 100년 전의 천재 중 천재인 뉴턴보다 똑똑할 만큼 인간의 지식이 진보했다는 것이다. 그는 또 《인간 정신의 진보에 관한 역사적 개요Esquisse d'un tableau historique des progrès de l'esprit humain》에서 미래의 인간들에게 죽음은 사고로 인한 것만이 남게 될 것이며, 출생과 죽음 사이의 기간은 무한대로 늘어날 것이라고 낙관했다. 그는 사람들이 지나치게 오래 살게 되면서 미래 사회에서는 인류 전체를 위한 산아제한이 반드시 필요할 것이라고 내다봤다.

19세기에 접어들자 두 사람이 과학기술의 발달로 인간의 수명이 늘어날 것이라는 낙관론에 쐐기를 박았다. 고드윈의 딸 메리 셸리Mary Shelley는 소설 《프랑켄슈타인Frankenstein》에서 인간의 시체를 가지고 만들어낸 생명체가 죽지 않는 채로 자식을 낳고 번성하는 미래에 대한 상상을 생생하게 묘사했다. 그녀가 아버지와 달랐던 점은 인간이 만든 생명체가 창조주 인간을 파괴하는 괴물 같은 존재가 될 수 있음을 경고했다는 것이다.

이와는 조금 다른 각도에서 영국의 신학자이자 경제학자인 토머스 맬서스Thomas Malthus는 인간이 죽지 않는 세상이 결코 유토피아가 될 수 없음을 구체적으로 실증했다. 그는 《인구론An Essay on the Principle of Population》에서 인구가 늘면 한정된 식량을 놓고 생존경쟁이 격화되고, 이 속에서 소수의 개체만이 살아남게 된다는 것을 설득력 있게 주장했다. 사람들이 죽지 않고 거의 무한대로 살게 되면 지구의 인구는 폭발적으로 늘어날 것이며, 결국 치열한 생존경쟁에서 살아남고자 서로를 죽이는 전쟁에 돌입하게 될 것이었다.

찰스 다윈과 진화론의 등장

찰스 다윈은 맬서스의 《인구론》에서 '생존경쟁'이라는 개념에 주목했다. 맬서스의 생존경쟁이 비관적인 것이었다면, 다윈의 생존경쟁은 생명체의 진화를 낳아서 다양성을 증가시키는 긍정적인 것이었다. 고드윈과 콩도르세는 불멸을, 맬서스는 서로 잡아먹고 죽이는 생존경쟁을 상상했지만, 그 누구도 하나의 종이 다른 여러 종으로 변한다고는 생각지 못했다. 다윈은 《종의 기원On the Origin of Species》(1859)에서 지금은 고정된 것처럼 보이는 생명체 종들이 오랜 기간의 진화를 통해 서서히 변한 것이라고 주장했고, 그 기작으로 '생존경쟁을 통한 자연선택'을 제시했다. 진화론에 따르면 생명체로 이루어진 세상에 불변하는 것은 하나도 없고,

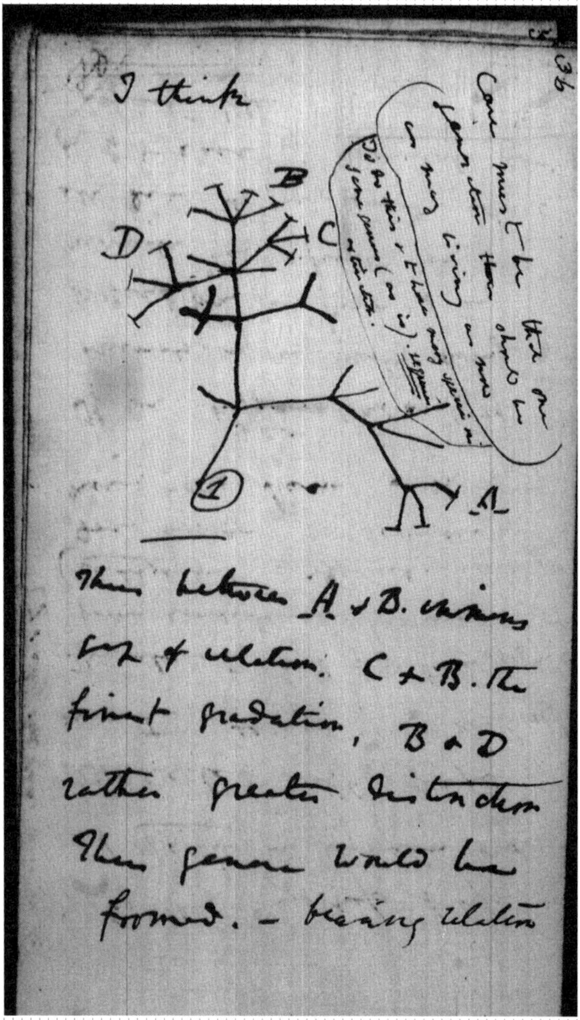

다윈이 1837년 연구 노트에 그린 것으로, 생명체가 나무의 가지가 뻗어 나가는 것처럼 진화한다는 생각을 함축적으로 담고 있다.

고정된 본질이라는 것도 존재하지 않았다. 모든 생명체는 특정한 환경에서, 당시 존재하던 다른 종들과의 경쟁이라는 우연한 조건들의 영향하에 우연히 진화한 것이었다. 이렇게 우연적으로 이루어지는 진화가 인간 같은 고등한 생명체를 만들어내기 위해 진행된 것도 아니었다.

다윈은 《종의 기원》에서 인류의 진화에 대해서는 거의 아무런 언급도 하지 않았다. 마지막 요약 부분에서 진화에 대한 이해를 바탕으로 고등동물의 진화를 파악할 수 있으며, 인간의 정신적인 능력이 어떻게 획득되었는가에 대한 새로운 이해를 제공해서 심리학의 기초를 세우고, 인류의 기원과 역사를 탐구하는 데 도움이 될 수 있다는 언급을 할 뿐이었다. 그렇지만 다른 생명체의 진화에 대한 다윈의 상세한 논의가 인간의 '기원'에 대해서도 급진적인 함의를 가진다는 것은 분명했다.

다윈의 진화론을 둘러싼 논란은 인간이 과거에 무엇이었는가라는 문제에서 시작되었다. 이 책이 나오자마자 신학자들은 진화론의 인간에 대한 함의가 매우 위험하고 불경스럽다며 비난했다. 특히 새무얼 윌버포스Samuel Wilberforce 주교와 '다윈의 불독' 토머스 헉슬리Thomas Huxley는 격렬하게 논쟁했다. 윌버포스 주교는 다윈의 진화론을 희롱하며 헉슬리에게 "원숭이가 조상이라면 당신은 (이 원숭이 조상을) 할머니한테서 물려받은 것인가, 아니면 할

1860년 진화론을 놓고 논쟁을 벌였던 윌버포스 주교(왼쪽)와 '다윈의 불독'이라 불리며 다윈을 옹호했던 생물학자 헉슬리(오른쪽).

아버지한테서 물려받은 것인가?"라고 물었고, 이에 대해 헉슬리는 "나는 진실을 마주하기 두려워하는 사람이 되기보다 차라리 두 원숭이의 자손이 되는 편이 낫다"라고 대꾸했다고 한다. 신이 만물을 창조했다고 믿는 종교계에서는 유인원의 진화 과정에서 하나의 갈래로 떨어져 나온 존재가 인간이라는 주장을 도저히 받아들일 수가 없었다. 이는 지금까지도 '종교 대 과학 논쟁'의 중요한 이슈다.

다윈이 《종의 기원》에서 인간의 진화에 대해 전혀 언급하지 않았던 것은 이 책이 급하게 저술되었기 때문이기도 하지만, 개미나 벌처럼 사회를 이루고 사는 종에게서 보이는 희생과 협력을 진화의 메커니즘인 생존경쟁으로 설명하지 못했다는 이유도 있다. 유독 개미나 벌 중에는 새끼를 낳지 않고 다른 개체가 낳은 새끼를 돌보기만 하다가 죽는 경우가 많은데, 이런 현상은 다른 개체들과 경쟁해서 생존과 번식 가능성을 높이는 진화의 생존경쟁 메커니즘과 잘 맞지 않기 때문이다.

다윈은 몇 년 동안 이 문제를 고민했고, 결국에는 희생을 통한 협력이 희생하는 개체에게는 불행일 수 있지만 집단 전체의 진화에는 긍정적인 결과를 가져온다고 보았다. 스스로를 희생해서 협력하는 개체가 많은 종이 그렇지 않은 종에 비해 집단적인 생존에 더 유리하다는 것이다. 신체적으로 열악한 인간은 유독 협동을 많이 하는 종이다. 이런 통찰을 인간에게 적용해보면 생존을 가능하게 하는 협동을 위해서 꼭 필요한 것이 다른 사람과 공감하는 능력이고, 이 공감 능력이 진화해서 이타심이나 자비심 같은 인간의 독특한 본성이 만들어졌다는 결론이 도출된다.*

인간 진화의 과거와 미래를 고민하다

이 문제를 해결하고 다윈은 《인간의 유래와 성선택The Descent of Man, and Selection in Relation to Sex》(1871, 이하 '인간의 유래')을 집필했다. 《종의 기원》이 인간의 진화에 관해 아무런 얘기도 하지 않았던 반면에, 《인간의 유래》는 인간의 '기원'의 문제를 본격적으로 다룬 책이다. 다윈은 이 책에서 인간의 공감 능력, 협동심, 희생 같은 인간의 본성도 진화의 결과라고 주장했다. 더 나아가 동물도 이런 본성을 어느 정도 가지고 있고, 따라서 인간과 동물의 차이는 절대적이라기보다는 정도의 차이에 불과하다는 주장을 폈다. 그리고 다윈은 적에게 당당히 맞서거나 어린 동료를 구하기 위해 사나운 개와 용감하게 싸운 원숭이로부터 자신이 유래되었기를 바란다고 하면서, 인간의 기원이 유인원에 있음을 누가 봐도 분

※《종의 기원》 출판 이후 다윈이 고민했던 또 다른 문제는 화려한 깃털로 인해 포식자들의 표적이 되기 쉬운 공작 같은 종이 어떻게 진화할 수 있었는가 하는 것이었다. 다윈은 이런 화려한 깃털은 먹잇감이 되기 쉬운 약점으로 작용하는 동시에 암컷을 유혹해서 짝짓기를 용이하게 하는 이점이 될 수 있고, 이런 이점이 약점을 상쇄한다고 판단했다. 이는 '자연선택natural selection'과 비교해서 '성선택sexual selection'이라 불렀는데, 이 성선택 역시 《인간의 유래》의 핵심 주제가 되었다.

《인간의 유래》가 출간되자 영국의 한 신문에는 다윈을 원숭이에 빗댄 풍자화가 실렸다.

명하게 주장했다. 《종의 기원》이 불러일으킨 파문이 미처 잦아지기도 전에 다윈은 또다시 유럽 지성계를 뒤흔들어놓았던 것이다.

다윈은 과학적 연구로 밝힐 수 있는 인간의 과거에 관심을 가졌다. 만일 인간이 진화한 존재라면, 그리고 그 진화가 궁극적으로 지금의 인간을 만들기 위한 것이 아니었다면, 다른 생명체들처럼 인간 역시 지금도 진화 중이고 미래에도 진화할 존재일 수 있었다. 인간은 지금의 모습으로 고정된 존재가 아니라, 오랜 시간이 지난 뒤에는 지금과 매우 다른 모습일 수도 있다는 것이었다. 이는 또 다른 의미에서 기존 종교계에 충격을 주었다. 종교계에서는 성경에 근거해서 신이 자신을 닮은 모습으로 인간을 창조했다고 얘기하곤 했다. 그런데 다윈의 이론대로 진화를 통해 인간의 모습이 확연하게 변하면 성경이 잘못되었다는 얘기가 될 수도 있었기 때문이다.

인간의 진화가 현재진행형인가 하는 것은 매우 논쟁적인 주제여서 다윈의 진화론을 지지하는 사람들 사이에서도 이견이 있었다. 한편에서는 인간을 포함한 생명체의 진화를 받아들였지만, 인간이 언어를 발명하고 사회를 만들어서 문화를 발전시킨 뒤로 인간에게는 생물학적 진화가 더는 무의미하다고 생각했다. 이들은 다른 동물과 달리 인간의 경우 생물학적 진화가 끝났다고 간주했다. 다른 한편에서는 인간이 사회를 만들고 문화를 발전시켰지만 인간은 아직도 생물종의 하나이므로 진화의 원칙에서 예외가 아니라고 생각했다. 다윈은 이에 대해 확고한 의견을 밝히지는 않았지만, 이와 관련된 그의 여러 언급을 보면 후자의 입장에 가까웠던 것으로 짐작된다.

다윈은 《인간의 유래》를 인간이라는 존재에 고귀한 정신과 동물적인 육체가 공존한다는 역설적인 서술로 마무리 지었다. "우리는 고귀한 특성, 가장 비천한 것을 불쌍히 여기는 공감 능력, 다른 인간은 물론 가장 낮은 살아 있는 존재까지 확장되는 자비심, 태양계의 운동과 구성을 꿰뚫는 신과 같은 지성 등을 가진 인간이, 이런 모든 고양된 힘에도 불구하고 그의 육체의 틀에 비천한 기원의 지울 수 없는 낙인을 갖고 있음을 인정해야 한다." 이처럼 다윈은 인간을 신에게 근접하는 지성을 가졌지만 지울 수 없는 비천한 동물성으로 점철된 육체를 가진 존재로 보았다.

다윈은 인간의 육체를 비천하고 극복할 수 없는 것, 즉 과거 진화의 '낙인'으로 간주했다. 그는 인간이 동물의 "야만성"을 일부 가지고 있으며 동물 또한 인간의 고귀한 성품을 일부 가지고 있다는 것을 보여주었는데, 이를 오랜 진화가 빚어낸 자연적인 특성으로 받아들였던 것 같다. 그렇지만 미래의 몇만 년 혹은 몇백만 년에 걸쳐서 인간의 진화가 계속된다면, 인간의 육체가 눈에 띄게 변할 수도 있다. 다윈의 후계자들 중 일부는 인간이 미래의 변화된 환경에 맞게 진화해서 지금과는 다른 육체를 갖는 것을 상상했다. 또 그들 중 일부는 인간이 신에 근접하는 지성을 이용해 아예 지금의 육체를 변형해서 인간의 한계를 뛰어넘을 수도 있다고 생각했다. 과학기술의 발전이 인간에게 새로운 육체를 선사할 수 있다고 보았던 것이다. 그렇게 된다면 점진적인 진화를 기다리지 않아도 되었는데, 과학기술을 적용해서 인간이 인간을 초월trans하는 트랜스휴먼이 가능하기 때문이다.

진화론의 등장으로 인간의 과거가 바뀌었고, 인간에게 새로운 미래가 열렸다. 과거의 인간이 원숭이와 같은 조상을 공유한 존재였다면, 미래의 인간은 인간의 비천한 육체를 초월한 존재, 훨씬 더 멋진 존재, 상상을 초월하는 새로운 형태와 능력을 가진 존재가 될 수 있다는 생각이 등장했다. 후쿠야마가 세상에서 가장 위험한 생각이라고 여긴 트랜스휴먼이라는 개념은 이렇게 시작되었던 것이다.

2장

트랜스휴먼, SF의 옷을 입다

윌리엄 윈우드 리드 William Winwood Reade는 여러 가지 면에서 19세기 빅토리아 시대의 전형적인 영국인이었다. 스코틀랜드의 부유한 집안에서 태어난 그는 옥스퍼드 대학교에 입학하려 했으나 실패했다. 당시 그는 아프리카 탐험기를 읽고 있었는데, 탐험기에 묘사된 고릴라에 매료되어 망설임 없이 짐을 꾸려서 아프리카 탐사에 나섰다. 당시 아프리카 탐험은 과학과 영국의 제국주의가 만나는 접점이었다. 왕립학회 같은 과학 단체들과 영국 정부는 이런 탐험을 지원했는데, 리드도 왕립학회로부터 탐험에 필요한 지원을 받을 수 있었다.

빅토리아 시대에 아프리카 탐험가이자 소설가였던 리드.

아프리카에서 상상한 인간 진화의 미래

리드는 1861년 서아프리카를 탐험하면서 고릴라의 습관과 식인종을 관찰했다. 그는 사람들의 상식과 달리 고릴라가 매우 소심한 동물임을 알게 되었다. 탐사 도중 식인종에게 잡혀서 죽을 뻔한 위기를 겪기도 했다. 이런 경험을 바탕으로 그는《야만 아프리카Savage Africa》(1864)를 썼고, 자신이 관찰한 동물에 관해 더 깊이 연구하고자 생물학 분야의 자료를 찾기 시작했다. 그러던 중《종의 기원》을 읽고는 다윈의 진화론에 큰 감명을 받고 다윈과 편지를 주고받기 시작했다.

리드와 다윈의 교류는 서로에게 큰 도움이 됐다. 리드는 아프리카 원주민들에 대한 관찰 정보를 다윈에게 제공했다. 그가 다윈에게 보낸 내용 중에는 아프리카 원주민들도 아니라고 할 때는 고개를 좌우로 흔들고 긍정을 할 때는 고개를 위아래로 끄덕인다는 내용도 있었다. 다윈은 리드의 이런 관찰 내용을《종의 기원》후속작인《인간의 유래》에서 언급했다. 이를 보면 다윈과 그의 친구들은 리드를 꽤 괜찮은 과학 지성인man of science으로 여겼던 것 같다.

리드는 두 번째 아프리카 탐험을 다녀온 뒤 《인간의 순교The Martyrdom of Man》(1872)라는 소설을 출판했다. 그는 이 소설을 쓰면서 다윈의 《종의 기원》뿐만 아니라 갓 출판된 《인간의 유래》로부터도 큰 영향을 받았던 것으로 보인다. 앞 장에서 보았듯이 다윈은 《인간의 유래》 마지막 문단에서 인간 정신의 신적인 고귀함과 인간 육체의 동물적인 비천함을 비교했다. 리드의 《인간의 순교》에서도 이런 정신과 육체의 뚜렷한 대조에 관한 서술이 나온다. 리드는 "이 초라하게 고상한 정서와 출생에 관한 허영 때문에 인간은 자신들이 상승한 원숭이라고 믿기보다 추락한 천사라고 믿는 것을 더 좋아한다"라고 하면서, "우리가 입고 있는 육체는 하등동물에 속한다. 우리의 정신은 그것을 넘어 자랐고 육체를 경멸조로 바라본다"고 적었다.

아프리카에서 만난 고릴라, 식인종 같은 야만과 유럽의 과학문명의 대조가 너무도 확연했기 때문이었을까? 리드는 다윈이 멈춘 곳에 새로운 세상으로 들어가는 문을 만들어 열었다. 리드에 따르면 인간은 더 이상 동물적인 육체에 대해 한탄만 하는 존재가 아니었다. 과학을 가지고 있는 인간의 육체는 동물적인 족쇄에 발목이 묶여 있을 이유가 없었다. 그는 "우리가 지금 추측할 수 없는 방식으로 과학이 육체를 변형하는 시간이 곧 올 것"이라며 이런 미래에는 인류가 하나의 신념과 욕망을 갖게 되고, 질병과 죄악이 소멸되며, 천재성과 사랑이 완벽해질 것이라고 설파했다. 또한 인간은 무한히 살게 됨으로써 신의 영역까지 정복하게 될 것이라고 했다. 인간이 영생을 넘어서 신의 자리를 넘보게 된다는 것이었다.

SF, 트랜스휴먼을 포용하다

이런 놀라운 상상을 담은 《인간의 순교》는 출간 당시 거의 주목받지 못했다. 게다가 리드는 이 책을 내고 3년 뒤에 아프리카 탐험에서 얻은 병으로 37세라는 젊은 나이에 사망했다. 그가 조금만 더 살았어도 그의 책은 훨씬 더 많은 독자를 확보했을 것이다. 하지만 이 책이 전혀 주목받지 못한 것은 아니었다. 열정적인 독자 몇몇이 열광했는데, 그중 한 명이 《우주전쟁》, 《타임머신》, 《투명인간》 등을 쓴 허버트 조지 웰스Herbert George Wells였다. 'SFScience Fiction의 아버지' 웰스는 미래의 인간은 지금과 전혀 다른 모습일 수 있다는 리드의 소설적 상상력에 큰 충격을 받았다. 그는 이런 생각을 발전시켜서 1902년에 쓴 《미래의 발견The Discovery of the Future》에서 인류는 진화를 계속해서 미래에 우리가 상상하기 힘든 모습이 될 것이라고 주장했다. 또한 이 글에서 "지금의 인간이 최종적이지 않다는 사실은 미래에 대한 과학적 발견으로부터 주어지는데, 이는 가장 감당할 수 없는 심란한 사실이며, 적어도 내게 인류 다음에 무엇이 오는가 하는 문제는 지구상의 모든 문제 중에서 가장 오랫동안 흥미롭고, 가장 풀기 힘든 문제이다"라고 강조했다. 이 풀기 힘든 문제는 오늘날로 치면 트랜스휴먼의 문제였던 것이다.

웰스는 진화론이라는 과학적 이론을 바탕으로 미래의 인간의 모습이 지금과는 필연적으로 달라진다고 확신했다. 그렇지만 미래의 인간이 어떤 모습일 것인가에 대해서는 자세히 언급하지 않았다. 이런 상상은 웰스의 뒤를 이은 차세대 SF에서 펼쳐졌다. 영국의 철학자 올라프 스테이플던Olaf Stapledon은 소설 《마지막 그리고 첫 번째 인류Last and First Men》(1930)에서 인류가 앞으로 20억 년 동안 18가지 다른 단계를 거치면서 진화할 것이라고 상상했다.

지금의 인류는 원자폭탄에 의한 살상으로 거의 멸망하고 두 번째 인류가 나타나는데, 이 두 번째 인류는 지금보다 몸집이 훨씬 더 크다. 두 번째 인류는 화성인과 전쟁을 치르면서 역사의 뒤편으로 사라지고, 이후 몸집이 절반만 한 세 번째 인류가 등장한다. 그다음은 거대한 두뇌를 가진 네 번째 인류, 인간에 의해 만들어진 인조인간인 다섯 번째 인류가 이어진다. 그 뒤에 인류는 날개를 달고 날아다니는가 하면, 여섯 개의 손가락이 안테나로 변했다가, 수성에서도 살 수 있게 되었다가, 천왕성에서도 생존할 수 있는 형태로 변태를 거듭한다. 고도의 문명을 발전시켰음에도 인류는 식인종의 습관을 다시 보이기도 한다. 진화를 거듭하면서 퇴화하는 모습도 나타나는 것이다. 소설의 마지막에서는 태양계의 멸망으로 인류가 태양계에서 살아남을 가능성이 소멸되고, 인류는 은하계의 다른 곳에서 또 다른 진화를 시작하고자 바이러스의 형태로 퍼져나가는 결정을 내린다. 인류는 보이지 않는 먼지와 비슷한 존재가 되었지만, 우주 어딘가에 다시 정착해 새로운 생명의 씨앗이 될 터였다.

"우리가 지금은 추측할 수 없는 방식으로 과학이 육체를 변형하는 시간이 곧 올 것"이라는 리드의 상상은 "지금의 인간이 최종적이지 않다"는 웰스의 고민을 낳았고, 이런 웰스의 고민은 다시 스테이플던의 소설적 상상력을 자극했다. 그런데 웰스에게서 자극을 받은 사람은 스테이플던만이 아니었다. 집단유전학의 기초를 닦은 영국의 유전학자 존 버든 샌더슨 홀데인John Burdon Sanderson Haldane은 과학이 산업과 의학의 응용에서 벗어나 가족, 국가, 인류의 미래를 결정하는 힘이 되어야 한다고 주장했다. 그는 《다이달로스 또는 과학과 미래Daedalus or Science and the Future》(1923)에서 유전자 조작을 통해 더 건강하고, 키가 크고, 똑똑한 사람들로 가득 차서 고통과 갈등이 없어진 미래를 상상했다. 그는 사회주의자였지만 인류의 미래에 낙관적이었다.

트랜스휴먼, 영국의 진보적 과학 엘리트들의 담론 소재가 되다

홀데인은 1927년에 쓴《마지막 판단, 미래 인류에 대한 과학자의 비전The Last Judgment, a Scientist's Vision of the Future of Man》에서 생물학자로서 인류의 미래에 대한 상상을 펼쳤다. 그는 이 글에서 앞으로도 인류가 수백만 년을 더 진화하면서 살아남을 텐데, 그때가 되면 인간은 자연선택이라는 진화의 힘을 이겨냄으로써 더없이 행복하고 모두가 각자의 성취를 즐기면서 자연환경과 조화를 이루는 삶을 살게 될 것이라고 상상했다. 홀데인은 그 시대의 인간 수명은 3,000년에 이르게 될 것이라고 예견했다. 다만 그는 인간의 외모는 크게 변하지 않을 것이라고 생각했는데, 유일한 예외로 먼 미래의 인간은 치아가 하나도 없을 것이라고 예상했다(2013년 영국의 한 생물학자는 인간이 몇백만 년 뒤에는 치아 대신에 새처럼 부리를 가지고 있을 가능성이 크다고 주장했다. 치아는 오래전에는 유용했지만 더는 인간에게 유용하지 않기 때문이라는 것이다※).

홀데인의 친구이자 전도유망한 결정학자이자 사회주의자였던 존 데즈먼드 버날John Desmond Bernal도 비슷한 시기에 미래의 인류를 상상했다. 버날은 케임브리지 대학교 교수로 화려한 경력을 막 시작하던 시점에 상상의 세계와 과학의 세계를 넘나드는《세계, 육체, 악마The World, the Flesh, and the Devil》(1929)라는 소설을 썼다. 이 작품에서 그는 현대 과학의 발전이 세계, 육체, 정신(악마)을 정복하고 있으며, 이런 발전이 미래에도 계속될 것이므로 어떤 미래를 선택해야 하는지는 지금 인류의 손에 달려 있다고 강조했다. 또한 인류가 새로운 인류의 가능성을 회피할 수도 있고, 이런 가능성을 받아들이고 이에 걸맞은 새로운 가치를 지금부터 만들어나갈 수도 있다고 보았다.

버날은 미래 사회의 구체적인 모습도 제시했다. 미래 세계에서 인간은 인공자궁을 통해 자식을 만들기 때문에 생식을 위한 남녀의 결혼이 사라지고, 인간과 기계의 인터페이스가 가능해짐에 따라 인간의 정신이 기계를 통해 하나로 모아져 세계정신을 이룬다고 했다. 궁극적으로는 육체가 불필요해지며, 육체는 죽어도 기계와 접합된 정신은 영원히 존재하는 단계에 접어든다는 것이다. 이런 의미에서 인간은 불멸의 단계에 도달할 수 있게 되었다. 버

※ "Humans could develop BEAKS like pufferfish because our teeth are 'no longer fit for purpose', claims scientist," Daily Mail(3 July 2013)

날의 인간의 뇌-기계 인터페이스, 인간의 사이보그화, 인공자궁과 인공생명, 정신의 불멸 등은 트랜스휴머니즘 사상의 원조로 평가된다.

젊은 시절의 줄리안 헉슬리.

버날과 홀데인은 트랜스휴먼, 트랜스휴머니즘이라는 용어를 사용하지 않았지만 그들의 생각은 이에 가까웠다. 트랜스휴머니즘이라는 용어를 처음 사용한 사람은 유네스코 초대 사무총장을 지낸 줄리안 헉슬리Julian Huxley였다. 그는 1927년 저술한 《계시 없는 종교Religion without Revelation》에서 트랜스휴머니즘이라는 용어를 이렇게 정의했다.*

> 만일 원한다면 인류는 자신을 초월할transcend 수 있다. 한 방편으로는 한 개인이, 다른 방편으로는 또 다른 개인이 자신을 초월할 수 있지만, 인류 전체가 그 자신을 초월할 수도 있다. 우리는 이런 새로운 믿음에

* 줄리안의 동생 올더스 헉슬리Aldous Huxley는 미래 세계를 그린 SF《멋진 신세계》(1932)에서 유전적 조작을 통해 유지되는 세상을 통렬하게 비판했다. 헉슬리 형제는 19세기 빅토리아 시대에 '다윈의 불독'으로 불렸던 토머스 헉슬리의 손자이다.

이름을 부여해야 한다. 아마 '트랜스휴머니즘'이 적절할 것이다. 인간은 인간으로 남아 있겠지만, 인간 본성을 구현하는 새로운 가능성을 실현함으로써 자신을 초월할 것이다.

1920년대 급진적 과학자 홀데인, 버날이 상상한 트랜스휴머니즘과 요즘 회자되는 트랜스휴머니즘에는 어떤 공통점과 차이점이 있을까? 공통점은 인간이 인간의 육체를 초월하는 미래를 생각한다는 점이다. 그러나 차이점도 존재한다. 1920년대 트랜스휴머니스트들은 인간 정신의 고상함에 대조되는 육체의 저열함을 지적하고, 인간의 육체가 달라지고 극복되는 미래를 생각했다. 인간의 고귀한 정신은 미래에도 그대로일 것이라고 여긴 이들은 인류의 진보를 믿으면서 육체의 한계를 극복하려고 했던 고드윈과 콩도르세에서 크게 벗어나지 않고 있었다.

반면에, 지금의 트랜스휴머니즘은 인간의 정신도 극복하고 초월해야 할 대상으로 간주한다. 인간은 정신노동을 돕기 위해 컴퓨터와 인공지능을 발전시켰는데, 요즘의 트랜스휴머니스트들은 이런 기계가 발전해서 인간의 유한한 정신을 추월할 것이라고 믿는다. 인간이 육체를 초월하기 이전에, 기계가 인간 정신을 추월해버린다는 것이다. 따라서 그들은 인간이 기계화된 미래 혹은 기계적 존재가 인간을 대체한 미래를 상상한다. 스테이플던은 인간이 아주 오랫동안 점진적인 진화를 해서 기계의 형태를 갖는 과정을 상상했다. 그렇지만 요즘의 트랜스휴머니스트들은 앞으로 100년 안에 인간이 만든 기계가 인간의 지능을 뛰어넘는 초지능을 갖게 되면서 인간이라는 종을 무력화하고 심지어 지구상에서 없애버릴 수도 있다고 생각한다. 인간이 자연스럽게 기계로 진화하는 대신 기계가 불필요한 인간을 멸종시킨다는 얘기다.

무엇이 이런 차이를 낳았을까? 1920년대 과학자들은 컴퓨터와 '인공지능'을 경험해보지 못한 상태에서 인간의 미래를 상상했다. 20세기 중반에 컴퓨터가 만들어지고, 초보적이지만 컴퓨터가 '지능'이라는 인간의 속성을 가진다는 생각을 한 뒤로 사람들은 인간의 진화보다 기계의 진화가 훨씬 더 빨리 진행될 가능성이 있음을 깨달았다. 컴퓨터와 인공지능의 발달로 1920년대 낙관론에 빨간불이 켜졌고, 인류의 미래는 다시 불투명해졌다.

3장

사이버네틱스가 인간을 새롭게 정의하다

디트로이트 빈민가에서 태어나 학교도 변변히 다니지 못하고 도서관에서 손에 잡히는 대로 책을 읽던 소년이 있었다. 어느 날, 그는 불량배에게 쫓겨 동네 도서관에 숨어 들어갔고, 그곳에서 버트런드 러셀Bertrand Russell과 앨프리드 노스 화이트헤드Alfred North Whitehead가 쓴 수리철학의 고전인 《수학 원리Principia Mathematica》(프린키피아 마테마티카)를 집어 들었다. 《수학 원리》는 끝까지 읽은 사람이 한 손에 꼽을 정도로 난해하다고 평가되던 책이었다. 그는 이 책을 며칠 만에 독파한 뒤, 책의 1부에 대한 자신의 견해를 러셀에게 편지로 보냈고, 러셀은 이 편지에 화답을 했다. 이런 인연은 그가 15세 때 시카고 대학교의 교환교수로 있던 러셀과의 만남으로 이어졌다. 러셀은 월터 피츠Walter Pitts라는 이름의 이 소년을 시카고 대학교 교수였던 과학철학자 루돌프 카르나프Rudolph Carnap에게 소개했다.

사이버네틱스의 기초를 닦은 천재 과학자 피츠.

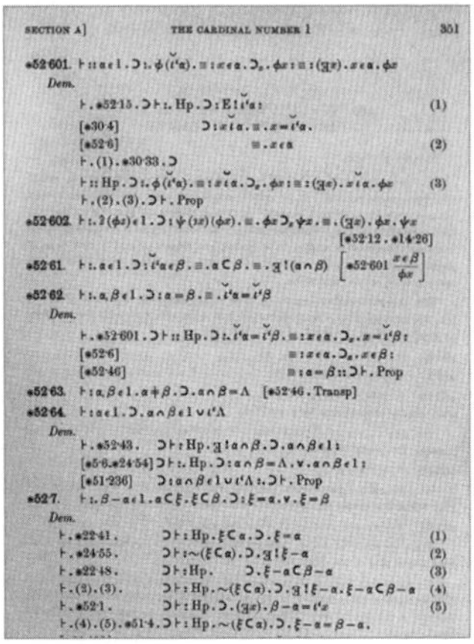

SECTION A] THE CARDINAL NUMBER 1 351

*52·601. ⊢ :: α ∈ 1 . ⊃ :. φ(ῐ‘α) . ≡ : x ∈ α . ⊃ₓ . φx : ≡ : (∃x) . x ∈ α . φx

Dem.

⊢ . *52·15 . ⊃ ⊢ :. Hp . ⊃ : E ! ῐ‘α : (1)

[*30·4] ⊃ : x ῐ α . ≡ . x = ῐ‘α .

[*52·6] ≡ . x ∈ α (2)

⊢ . (1) . *30·33 . ⊃

⊢ :: Hp . ⊃ :. φ(ῐ‘α) . ≡ : x ῐ α . ⊃ₓ . φx : ≡ : (∃x) . x ῐ α . φx (3)

⊢ . (2) . (3) . ⊃ ⊢ . Prop

*52·602. ⊢ :. ℩(φz) ∈ 1 . ⊃ : ψ(℩x)(φx) . ≡ . φx ⊃ₓ ψx . ≡ . (∃x) . φx . ψx [*52·12 . *14·26]

*52·61. ⊢ :. α ∈ 1 . ⊃ : ῐ‘α ∈ β . ≡ . α ⊂ β . ≡ . ∃ ! (α ∩ β) [*52·601 x∈β / φx]

*52·62. ⊢ :. α, β ∈ 1 . ⊃ : α = β . ≡ . ῐ‘α = ῐ‘β

Dem.

⊢ . *52·601 . ⊃ ⊢ :: Hp . ⊃ :. ῐ‘α = ῐ‘β . ≡ : x ∈ α . ⊃ₓ . x = ῐ‘β :

[*52·6] ≡ : x ∈ α . ⊃ₓ . x ∈ β :

[*52·46] ≡ : α = β :: ⊃ ⊢ . Prop

*52·63. ⊢ : α, β ∈ 1 . α ≠ β . ⊃ . α ∩ β = Λ [*52·46 . Transp]

*52·64. ⊢ : α ∈ 1 . ⊃ . α ∩ β ∈ 1 ∪ ι‘Λ

Dem.

⊢ . *52·43 . ⊃ ⊢ : Hp . ∃ ! α ∩ β . ⊃ . α ∩ β ∈ 1 :

[*5·6 . *24·54] ⊃ ⊢ :. Hp . ⊃ : α ∩ β = Λ . v . α ∩ β ∈ 1 :

[*51·236] ⊃ : α ∩ β ∈ 1 ∪ ι‘Λ :. ⊃ ⊢ . Prop

*52·7. ⊢ :. β − α ∈ 1 . α ⊂ ξ . ξ ⊂ β . ⊃ : ξ = α . v . ξ = β

Dem.

⊢ . *22·41 . ⊃ ⊢ : Hp . ξ ⊂ α . ⊃ . ξ = α (1)

⊢ . *24·55 . ⊃ ⊢ : ∼(ξ ⊂ α) . ⊃ . ∃ ! ξ − α (2)

⊢ . *22·48 . ⊃ ⊢ : Hp . ⊃ . ξ − α ⊂ β − α (3)

⊢ . (2) . (3) . ⊃ ⊢ : Hp . ∼(ξ ⊂ α) . ⊃ . ∃ ! ξ − α . ξ − α ⊂ β − α (4)

⊢ . *52·1 . ⊃ ⊢ : Hp . ⊃ . (∃x) . β − α = ι‘x (5)

⊢ . (4) . (5) . *51·4 . ⊃ ⊢ : Hp . ∼(ξ ⊂ α) . ⊃ . ξ − α = β − α .

러셀과 화이트헤드가 함께 펴낸 《수학 원리》의 한 페이지.

피츠와 맥컬럭이 뇌를 기계회로와 동일시하다

당시 세계적으로 유명했던 철학자 카르나프는 피츠의 천재성을 바로 간파했다. 카르나프는 학교에서 청소 같은 허드렛일을 하면서 푼돈을 벌고, 화장실에서 잠을 자던 피츠에게 좀 더 나은 일자리를 마련해줬다.* 피츠는 카르나프에게 논리학을 배웠고, 러시아 출신의 물리학자 니콜라스 라셰프스키Nicolas Rashevsky에게 생명현상을 물리학으로 설명하는 방식을 배워서 터득했다. 이 과정에서 피츠는 일찌감치 인간의 뇌가 '논리 기계'일 수 있다는 생각을 한 것으로 보인다.

워런 맥컬럭Warren McCulloch은 철학과 심리학을 공부했고, 이후 의대에서 신경과를 전공했다. 그는 의사의 길을 걷는 대신 대학으로 돌아와서 과학 연구에 전념했다. 파킨슨병의 원인에 대해 연구하던 맥컬럭은 자연현상의 근원에 원자라는 기본 입자가 존재하듯이, 인간의 심리현상의 근원에는 가장 간단하고 더 쪼개질 수 없는 사이콘psychon이라는 기본 단위가 존재한다고 생각했다. 그는 하나의 뉴런neuron, 뇌세포에서 처리하는 신호가 이런 사이콘에 해당하지 않을까 추측했지만, 이를 밝힐 방법을 찾지 못하고 있었다. 이런 와중에 그는 모든 논리적 연산을 수행하는 기계인 '튜링 기계(보편 만능 기계)'를 만들 수 있다는 영국의 수학자 앨런 튜링Alan Turing의 논문을 접했고, 이 논문에 담긴 함의에 매료되었다. 뇌과학을 연구하던 맥컬럭에게는 논리적 연산을 수행하는 튜링 기계와 인간 뇌의 공통점이 아주 분명해 보였다.

1941년 맥컬럭은 8년간 몸담고 있던 예일 대학교를 떠나서 시카고 일리노이 대학교로 적을 옮겼는데, 이때 자신보다 스물다섯

✻ 피츠는 맷 데이먼Matt Damon이 천재 청년 수학자 역할을 연기했던 영화 〈굿 윌 헌팅Good Will Hunting〉의 실제 모델이었다고 한다.

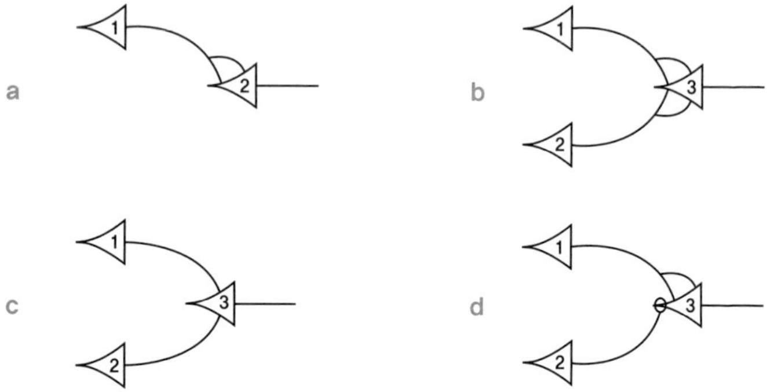

맥컬럭과 피츠의 논문에 실린 뉴런 작용의 모델들.

살이나 어린 피츠를 만났다. 그의 재능에 감복한 맥컬럭은 여기저기 떠돌면서 숙식을 해결하던 피츠를 자신의 집에 머물게 했다. 맥컬럭은 갈 곳 없는 피츠를 따듯하게 맞아주었고, 두 사람은 서로를 자극하면서 함께 연구했다. 피츠는 맥컬럭의 설익은 아이디어에 수학적이고 논리적인 틀을 부여했고, 이들은 뇌의 가장 작은 신경 단위인 뉴런의 모델을 세우기 시작했다.

그 결과는 1943년 논문 〈신경 작용에 내재한 개념에 대한 논리적 해석학A Logical Calculus of Ideas Immanent in Nervous Activity〉을 통해 발표되었다. 이 논문에서 뉴런의 작용이 0과 1의 정보의 전달로 이루어지는 2진법 논리회로라는 모델이 제시됐다. 맥컬럭과 피츠는 당시 전신에서 사용하던 '릴레이relay'라는 기계로 이런 논리회로를 만들 수 있다고 보았는데, 나중에 이 논문에 큰 영향을 받은 존 폰 노이만John von Neumann은 이 릴레이를 진공관으로 대체해 최초의 전자 컴퓨터 중 하나인 에드백EDVAC 컴퓨터를 설계했다. 뇌의 정신 작용은 전기회로로 이해되었고, 이를 토대로 컴퓨터가 설계되었으며, 이런 컴퓨터는 거꾸로 뇌를 이해하는 강력한 개념적 도구를 제공했다.

맥컬럭과 피츠가 인간 두뇌의 뉴런 활동을 전기공학적으로 이해하는 연구에 몰두하던 시점에, MIT의 수학자 노버트 위너Norbert Wiener는 미 공군이 사용할 수 있는 '대공예측기anti-aircraft predictor' 개발에 참여하고 있었다. 위너는 11세에 고등학교를 졸업하고 14세에 터프츠 대학교에서 학사학위를 받은 뒤, 18세의 나이에 하버드 대학교에서 박사학위를 받았을 정도로 영재성이 뛰어난 사람이었다. 그가 몰두하던 대공예측기는 적기의 움직임을 미리 예측해서 적기가 도달할 지점에 포를 쏘는 자동화기였다. 효과적인 대공예측기를 개발하기 위해서는 적기의 기계적 운동뿐만 아니라 조종사의 심리적 판단까지도 예측해야 했다. 적의 포탄이 빗발치는 전장에서 유능한 조종사는 포수가 예측할 수 없는 유형으로 비행경로를 바꾸기 때문이다.

대공예측기에서 사이버네틱스까지

위너는 미 공군에서 조종사를 대상으로 한 실험 데이터를 받아서 연구했지만, 효과적인 대공예측기를 개발하는 데는 실패했다. 당시 컴퓨터 기술은 대공예측기 개발에 필요한 복잡한 계산을 수행하는 데 한계가 있었기 때문이다. 그렇지만 그는 이 과정에서 비행기에 탑승한 조종사가 마치 서보메커니즘servo-mechanism, 자동제어장치처럼 움직이는 경향이 있다는 것을 발견했다. 당시 엔지니어들은 서보메커니즘이 시스템의 출력이 입력량을 줄이는 방식으로 되먹임되는 음성 피드백negative feedback 회로를 가지고 있어서, 자신의 행동을 고쳐나갈 수 있는 기계장치라고 이해하고 있었다.

위너는 이런 생각을 멕시코 출신의 생리학자이자 오랜 친구인 아르투로 로젠블루스Arturo Rosenblueth와 나눴고, 로젠블루스는 인간에게도 신경계의 피드백 루프가 조금 손상되었을 때 나타나는 것 같은 질병이 있음을 지적했다. 로젠블루스는 '항상성homeostasis, 열이 나면 땀이 나서 체온을 식히듯 생명체가 항상 어떤 평형 상태로 돌아가려 하는 생리적 경향'이란 개념을 제창했던 하버드 대학교의 생리학자 월터 캐넌Walter Cannon과 공동 연구를 수행했던 경험에 근거해서, 위너의 피드백 시스템이 보여주는 특성이 항상성과 비슷하다고 보았던 것

자신이 만든 사이버네틱 장치를 두고 포즈를 취한 위너.

이다. 물론 캐넌의 항상성은 생리학적 개념이었지만, 위너와 로젠블루스는 공학에서 사용되던 피드백 회로를 이용해 캐넌의 항상성을 새롭게 해석했다. 이들은 음성 피드백이라는 개념을 사용해 인간, 동물, 기계의 행동의 공통점을 분석한 논문 〈행위, 의도, 목적론Behavior, Purpose, and Teleology〉을 1943년 《과학철학》에 발표했다.

이 논문에서는 동물의 행동을 의도purpose를 가진 것과 그렇지 않은 것으로 나누고, 의도를 가진 행동을 다시 목적을 따라가는 것teleological과 그렇지 않은 것non-teleological으로 나누었다. 위너와 동료들은 목적을 따라가는 행동이 바로 "피드백에 의해 제어되는" 행동이라고 보았다. 예를 들어, 개구리가 혀를 쑥 내밀어 파리를 잡는 것은 파리를 잡으려는 의도를 가진 행동이지만, 파리의 위치 변화에 따라 한번 내민 혀의 방향을 지그재그로 바꿀 수 없기 때문에 목적한 행동은 아니다. 반대로 야구 선수가 공을 쫓아가는 행동은 목적을 따라가는 것으로 볼 수 있다. 즉, 야구 선수는 공의 위치를 순간순간 파악하면서 자신이 갈 방향과 속도를 바꾸기 때문이다.

위너는 배를 쫓아가서 파괴하는 어뢰와 공을 따라가는 야구 선수의 행동에 대해 본질적으로 같은 행동이라고 보았다. 배가 움직여도 이를 감지해서 쫓아가는 것은 피드백에 의한 제어가 가능하기 때문인데, 이런 관점에서 어뢰의 행동은 (마치 공을 쫓는 야구 선수처럼) 목적한 바를 달성하는 것이다. 물론, 기계 부품들로 이루어진 어뢰와 공을 쫓아가는 사람이 똑같을 수는 없다. 그렇지만 이 둘의 '행동'은 적어도 같은 방식으로 이해될 수 있다. 생명체의 움직임은 피드백에 의한 제어라는 기계적인 용어로 이해되기 시작했다. 이를 계기로 인간과 기계의 경계가 크게 허물어졌고, 인간과 기계의 공통점과 차이점을 놓고 철학적 논쟁이 시작됐다.

이렇게 맥컬럭-피츠의 신경회로에 대한 논문과 위너의 사이버네틱스에 대한 논문이 1943년 같은 해에 발표되었다. 또 그해는 피츠와 위너가 서로를 알게 된 해이기도 했다. 위너는 피츠를 두고 전 세계에서 두세 손가락 안에 꼽을 수 있는 뛰어난 연구자라고 극찬했다. 위너는 인간의 뇌를 기계적으로 모델링한 피츠의 연구와 인간의 행동을 기계의 피드백 회로로 이해한 자신의 연구에 공통점이 있다는 사실을 포착했다. 그렇지만 위너가 보기에 맥컬럭과 피츠의 1943년 모델은 단점이 있었다. 뉴런의 작용을 간단한 전기회로로 이해한 점은 매우 신선했지만, 이들의 모델은 뉴런이 복잡하게 연결된 두뇌의 실제 작용을 모사simulate하는 데에는 한계가 있었기 때문이다.

사이버네틱스의 성장과 쇠락

위너는 피츠에게 뉴런 작용의 모델을 실제 두뇌 구조와 비슷하게 만들어보라는 연구 프로젝트를 제안했다. 또한 이 무렵 피츠를 미국 프린스턴 대학교의 수학자 폰 노이만에게 소개했다. 이런 만남을 통해 폰 노이만은 맥컬럭과 피츠의 1943년 논문을 알게 되었고, 앞서 언급했듯이 이 모델을 채용해 첫 번째 프로그램 내장형 컴퓨터(이른바 폰 노이만 아키텍처) 에드백을 설계했다. 에드백 설계에 관한 폰 노이만의 100쪽짜리 보고서는 딱 하나의 참고문헌만을 인용했는데, 이 참고문헌이 바로 맥컬럭과 피츠가 함께 쓴 논문이었다.

최초의 프로그램 내장형 컴퓨터 에드백. 폰 노이만은 이 컴퓨터의 설계 밑그림을 그렸고 제작에 자문으로 참여했다.

1945년 전쟁이 끝나자 위너와 맥컬럭은 메이시 재단Macy Foundation을 설득해 유기체와 자연, 사회에서 볼 수 있는 피드백이라는 공통 현상을 탐구하고 토론하는 학회에 대한 지원을 약속받았다. 학회에는 위너, 피츠, 맥컬럭, 폰 노이만뿐 아니라 인류학자 마거릿 미드Margaret Mead와 그레고리 베이트슨Gregory Bateson, 분자생물학자 막스 델브뤼크Max Delbrück 등 다양한 분야의 전문가들이 참여했다. 학회를 통해 위너는 피드백을 통한 제어라는 개념을 생리학, 심리학, 사회과학 등 인접 분야에까지 설파하기 시작했다.

1947년 위너는 자신의 핵심 개념과 이론을 '사이버네틱스

메이시 학회 참석자들. 왼쪽에서 두 번째가 폰 노이만, 오른쪽에서 세 번째가 위너이다. 앞에 손만 보이는 사람 중에 맥컬럭이 있으며, 피츠도 참석했지만 이 사진을 같이 찍지는 않았다. 이들은 19세기 심령술사들의 회합을 흉내 내어 사진을 찍었다.

cybernetics'라는 단어로 집약했다. 사이버네틱스는 조종, 통제를 뜻하는 라틴어 쿠버네틱스kubernetics에 어원을 두고 있다. 위너는 《사이버네틱스: 동물과 기계에서 제어와 소통Cybernetics: or Control and Communication in the Animal and the Machine》(1948)이라는 전문서와 이 책의 대중적인 판본인 《인간의 인간적 활용The Human Use of Human Beings》(1954)을 출판함으로써 사이버네틱스를 세상에 널리 알렸다. 위너는 공학에서 출발한 사이버네틱스의 핵심 개념을 인간과 사회 전반을 이해하는 개념으로 확장했다.

예를 들어, 위너는 사이버네틱스가 유기체organism뿐 아니라 사회 같은 조직organization에도 적용될 수 있다고 보았다. 그는 사회 구성원들이 준수하는 법률이 '사회를 윤리적 코드로 제어하는 피드백 메커니즘'이라고 해석했다. 이런 과정을 거치면서 사이버네틱스라는 개념은 통신 이론이나 컴퓨터, 제어공학 같은 공학 분야만이 아니라 생물학, 생리학, 사회학, 생태학 같은 학문으로 확장되었다. 지구가 살아 있는 하나의 유기체라는 가이아 개념을 제창한 제임스 러브록James Lovelock은 지구를 "생명계, 기상계, 바다, 토양을 전부 포함하는 복잡한 개체 또는 생명체가 사는 데 가장 적합한 물리적·화학적 환경을 찾는 사이버네틱 피드백 체계의 총체"라고 규정했다. 땅덩어리에 불과하다고 여기던 지구는 사이버네틱스의 개념이 적용되면서 살아 있는 유기체와 흡사한 것으로 인식되었다.

피츠를 후원하던 위너는 1950년에 피츠에게 갑자기 절교를 선언했다. 그 이유에 대해서는 아직도 확실치 않은 부분들이 있다. 사이버네틱스 역사를 연구하는 학자들은 대부분 피츠와 그의 친구들이 위너의 딸에게 추근거렸다는 얘기를 위너가 아내에게 듣고서 피츠에게 절교의 전보를 친 것으로 알고 있다. 그리고 위너를 분노케 한 사건도 그의 아내가 지어낸 얘기라고 믿고 있다. 위너의 아내는 맥컬럭을 몹시 못마땅해했는데, 그 이유에 대해서는 견해가 갈린다. 누군가는 위너의 아내가 맥컬럭의 '방탕한' 라이프 스타일을 싫어했다고 하고, 또 다른 누군가는 사회주의를 옹호하는 위너 부부와 이에 동조하지 않았던 맥컬럭-피츠가 원래 사이가 안 좋았는데 맥컬럭이 위너가 사는 보스턴 지역으로 이사를 오자 위너의 아내가 남편에게서 이 둘을 떼어놓으려고 일을 꾸몄다고도 한다. 그 이유가 무엇이든 당시 위너의 지도 아래 3차원 뇌신경 모델에 대한 박사논문을 쓰고 있던 피츠는 위너의 갑작스런 절교 선언에 큰 충격을 받았다. 주변 사람들의 노력에도 불구하고 피츠는 논문을 완성하지 못한 채 자신의 연구 결과를 모두 불태웠다.

게다가 간신히 정신을 추슬러서 수행했던 연구마저 피츠 자신의 믿음과 상반된 결과를 낳았다. 피츠는 맥컬럭, 그리고 MIT 교수였던 제리 레트빈Jerry Lettvin과 함께 개구리의 시각을 연구해서 개구리가 움직이는 것만을 먹이로 인지한다는 결과를 얻었다. 즉, 개구리는 바로 눈앞에 먹이가 있어도 그것이 움직이지 않으면 먹이로 인식하지 못한다는 것을 알게 된 것이다. 오랜 진화 과정에서 개구리의 눈과 뇌는 이런 식으로 진화했는데, 이는 뇌에서 일어나는 인지 작용이 논리회로의 작용과 같을 것이라는 피츠의 믿음과 상반된 것이었다. 뇌의 작용은 디지털이라기보다는 아날로그에 가깝고, 생각했던 것보다 훨씬 더 '지저분한messy' 것으로 판명되었기 때문이다. 이 무렵부터 폐인이 되다시피 한 피츠는

레트빈(왼쪽)과 피츠(오른쪽). 피츠가 실험 동물인 개구리를 들고 있다.

1969년 건강 악화로 46세에 세상을 떠났다.

비슷한 시기에 위너와 맥컬럭의 사이버네틱스 프로그램은 피츠와 비슷한 운명을 맞았다. 미국은 1950년대에 로봇공학이 발전했다. 조지 데볼George Devol은 1950년에 로봇팔 특허를 냈고, 몇 년 뒤 조지프 엥겔버거Joseph Engelberger와 함께 로봇 회사를 설립해 제너럴 모터스 같은 자동차 회사에 산업용 로봇을 공급하기 시작했다. 그런데 이 둘은 사이버네틱스와 관련이 거의 없는 사람들이었다. 당시 젊은 수학자들과 컴퓨터 과학자들은 인공지능이라는 새로운 컴퓨터 소프트웨어를 발전시키기 시작했는데, 뒤에서 보겠지만 이들의 작업도 사이버네틱스 그룹과 거의 무관했다. 아니,

이들은 의도적으로 사이버네틱스 그룹의 회원들을 배제하고 인공지능 연구를 위한 연구자 공동체를 형성해나갔다. 사이버네틱스는 많은 이의 지적 흥미를 끌고 학계의 화제가 되었지만, 하나의 학문 분야로 정착하는 데는 실패했다.

이렇게 사이버네틱스는 한풀 꺾였지만, 그 영향은 예상치 못한 곳에까지 미쳐 새로운 모습으로 다시 등장했다. 1960년 시뮬레이션 과학자 맨프레드 클라인스Manfred Clynes와 임상 정신의학자 네이선 클라인Nathan Kline은 〈사이보그와 우주Cyborgs and Space〉라는 논문에서 우주여행에 가장 적합한 존재는 인간과 기계가 결합한 '혼종'인 '사이보그cyborg'라고 주장했다. 생명체와 기계가 합성된 존재를 뜻하는 사이보그는 사이버네틱 오가니즘cybernetic organism이란 합성어를 줄인 말이다. 사이보그는 인간의 약한 육체를 초월할 수 있는 트랜스휴머니즘의 상상력을 새롭게 자극했다. 사이버네틱스의 유산이 사이보그로 전해져 그 속에서 새로운 생명을 얻고 살아남게 된 것이다.

4장

인간과 기계의 잡종 사이보그가 태어나다

맨프레드 클라인스는 피아노를 전공한 호주의 음악도였다. 그는 미국의 프린스턴으로 공부하러 왔다가 당시 프린스턴 고등연구소에 재직하고 있던 아인슈타인에게 피아노 연주를 들려주면서 가까워졌다. 1953년 그는 아인슈타인이 써준 추천장을 가지고 유럽 순회공연에 나서서 피아니스트로 큰 성공을 거두었다. 이후 미국이라는 사회를 좋아하게 된 그는 미국에 더 머물기 위해 직장을 잡기로 결심하고서 취업이 쉬운 공학 분야에 도전했다. 클라인스는 중고 컴퓨터를 구입해서 독학으로 컴퓨터의 구조와 작동 방식을 터득한 뒤, 한 엔지니어링 회사에 컴퓨터 기술자로 입사했다.

엔지니어로서 클라인스의 재능에 주목한 사람은 로크랜드 병원의 정신의학 연구자 네이선 클라인이었다. 클라인은 이미 조현병 치료약을 개발해서 1957년에 노벨상 다음으로 권위가 있는

라스커상을 받은 연구자였다. 당시 미 공군은 우주비행 시대를 맞아 주로 비행기 조종사 출신인 우주인의 정신 건강에 관심이 많았던 터라 클라인의 연구뿐 아니라 로크랜드 병원에서 이루어지는 정신의학과 관련된 다른 연구들까지도 아낌없이 지원하고 있었다. 클라인은 클라인스를 설득해 로크랜드 병원으로 불러들였다.

극한적인 환경인 우주를 탐험하는 사이보그

함께 일하게 된 두 사람은 인간이라는 약한 생물종이 우주라는 낯선 환경을 어떻게 견뎌낼 수 있을지 고민했다. 밤낮과 중력이 없는 우주에서 인간은 신체리듬이 깨지고 근육이 약해지기 때문에, 기계를 사용해 하루에도 몇 번씩 혈압, 맥박, 혈당 등을 체크해야만 했다. 기계에 의존하면서 사는 것은 현대인이라면 어쩔 수 없는 일이지만, 우주에서는 단순히 기계에 의존하는 것을 넘어 인간이 기계에 완전히 종속되었던 것이다. 이런 상황을 완화할 수 있는 방법은 없을까? 기계를 더욱 편리하게 만들고, 자동화하면 문제가 해결될까?

이런 고민을 하다가 이들은 발상의 전환을 했다. 몸 밖에 있는 기계에 건강을 의존하는 대신 기계를 몸속에 넣어 몸의 일부로 만들자는 것이었다. 몸속에 약물을 주입하는 펌프를 삽입해 심장 박동이 약해지면 펌프가 작동해 심장을 빠르게 뛰게 하는 약물을 주입하고, 일정한 시간이 경과하면 적절한 수면을 취할 수 있도록 수면 유도제를 주입하는 것이다. 이렇게 하면 하루에도 몇 번씩 건강 상태를 확인해야 하는 수고 없이 우주여행을 할 수 있게 된다. 이들은 1960년에 이렇게 생명체와 기계가 결합한 존재를 사이버네틱 오가니즘, 즉 '사이보그'라고 명명했다. 이들이 발표한 논문 〈사이보그와 우주〉는 "외계 환경의 요구 조건에 맞추기 위해 인간의 신체 기능을 변경하는 것이 우주에서 인간에게 지구적인 환경을 제공하는 것보다 더 논리적으로 보인다. …… 인간의 무의식적이고 자율적인 통제를 확장할 수 있는 기계-유기체의 시스템이 하나의 가능성이다"라는 구절로 시작한다.

클라인과 클라인스는 사이보그에 진화적인 의미를 부여했다. 생명체는 새로운 환경에 맞게 계속 진화한다. 만약 새로운 환경이 생명체가 살기에 힘들 정도로 극한의 환경이라면 생명체는 더 이상 살 수가 없다. 예를 들어, 물고기를 물 밖에 두면 물고기가 얼마 지나지 않아 죽는 것과 같다. 그런데 물고기가 아주 똑똑해서 자기 몸의 장단점과 육지의 상황을 잘 이해하고 있다면, 육지

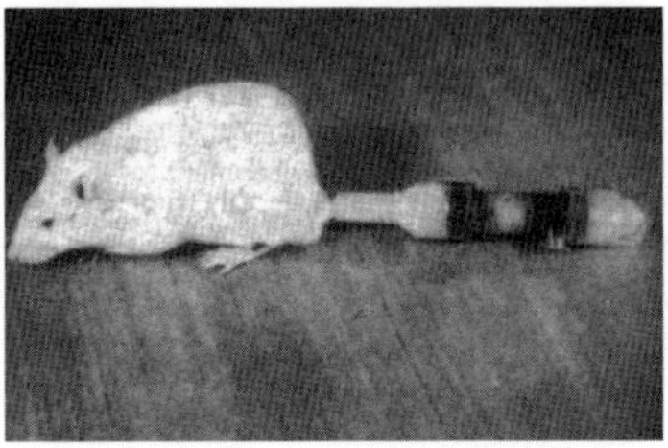

클라인과 클라인스가 1960년 만든 삼투압 펌프를 장착한 쥐. 이른바 '첫 번째 사이보그'라 불렸다.

에서도 살 수 있게 자기 몸을 변형할 수도 있다. 이들은 우주를 탐사하는 인간이 이런 똑똑한 물고기와 비슷하다고 생각했다. 인간은 극한 환경인 우주에서 생존할 수 없지만, 매우 똑똑하기 때문에 우주에서 생존할 수 있는 형태로 자신의 몸을 변형할 수 있다는 것이다. 이런 변형이 바로 기계와의 결합이었다. 이들은 이런 사이보그가 가능하다는 증거로 삼투압 펌프를 개발해 쥐에게 장착한 사진을 논문에 실었다.

이제 인간은 사이보그가 되어 길고 지루한 우주여행을 즐겁고 건강하게 즐길 수 있게 된 것이다. 클라인과 클라인스는 낙관적이었고 심지어 낭만적이기까지 했다. 그런데 이런 낭만적인 비전은 오래가지 못했다. 이들의 논문이 발표된 직후 《라이프》지는 〈우주에서 살 수 있게 다시 만들어진 인간Man Remade to Live in Space〉이라는 기사에서 이 두 연구자에 대한 소개와 함께 사이보그에 대한 전망을 크게 다루었다. 그러나 이 기사에 나타난 사이보그

달에서 기지를 건설하는 사이보그. 이들은 몸에 달라붙는 얇은 우주복을 입고 달이라는 척박한 환경에서 일하기에 가장 적합하게 개조된 존재였다.

의 미래는 낭만적 우주탐사와는 거리가 멀었다. 공기도 없고 중력도 약하며 훨씬 추운 달에서 일을 하는 데 적합하게 개조된 사이보그 인간은 목에 전기장치를 달고서 입을 열지 않은 채 성대의 떨림으로만 얘기를 주고받고, 식사는 농축된 영양분을 혈관에 주입하는 것으로 대신했으며, 배변은 몸에 연결된 여과장치로 걸러져서 사이보그 인간의 식사로 재활용되었다. 이 사이보그는 우주라는 척박한 환경에서 일하도록 개조된 '노예'와 다름없었다. 과학을 전공했다는 한 독자는 이 기사에 대해 '끔찍하다'는 내용의 편지를 보냈고, 잡지사는 이런 사이보그가 다시 지구로 돌아오면 수술을 통해 정상인으로 전환된다는 변명 아닌 변명을 기사로 실어야 했다.

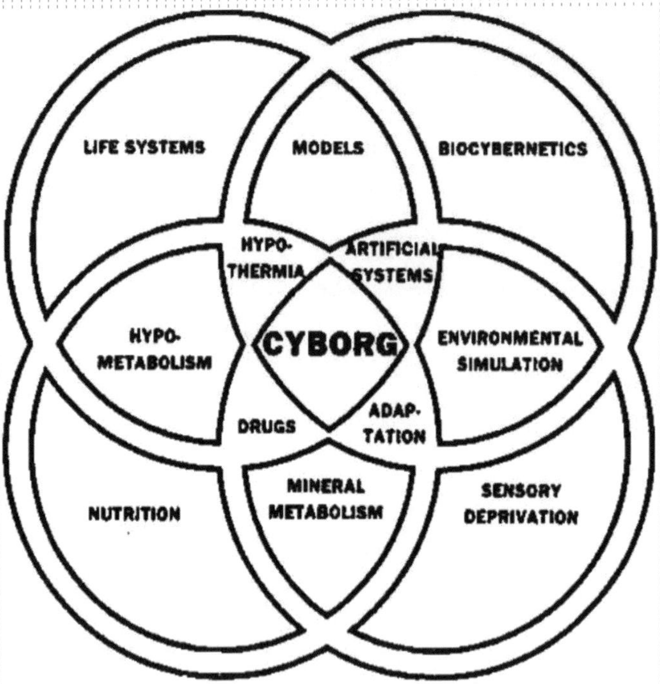

나사가 1963년 작성한 사이보그 관련 보고서의 그림. 사이보그 연구가 원으로 표현되는 여러 학문의 교차점에 존재한다는 것을 보여주고 있다.

사이보그에 큰 관심을 보인 연구 단체는 우주탐사를 총괄하던 나사NASA, 미국우주항공국였다. 나사는 사이보그 연구 팀을 꾸렸고, 이 연구 팀은 1963년 〈사이보그 연구: 우주를 위해 인간을 공작하기The Cyborg Study: Engineering Man for Space〉라는 보고서를 내놓았다. 보고서에서는 사이보그 연구가 의학, 바이오사이버네틱스, 생명과학, 공학의 융합 학문임을 강조했다. 그런데 나사의 사이보그 연구는 이 보고서를 마지막으로 막을 내렸다. 사이보그 연구 팀은 사이보그에 필요한 대부분의 기술이 당시로서는 불가능하다고 결론을 내렸다. 당시 나사는 의회 연설에서 1960년대가 지나기 전에 미국인을 달에 보내겠다고 선언한 케네디 미국 대통령의 목표를 달성하기 위해 아폴로 프로젝트에 총력을 기울이고 있었다. 이런 상황에서 먼 미래에나 가능할지 모르는 사이보그는 SF의 영역으로 밀려났다.

실제로 1960년대 중반 나사의 연구자들은 SF의 냄새가 물씬 풍기는 사이보그라는 단어보다 '바이오닉스bionics=biology+electronics, 생체공학'라는 말을 더 즐겨 사용하기 시작했다. 바이오닉스가 훨씬 더 공학적인 느낌을 주었기 때문이다. 이런 흐름 속에서 사이보그는 우주과학의 연구 주제에서 SF와 대중문화의 소재로 바뀌었다.

대중문화의 영역을 파고든 사이보그

사이보그를 소개한 《라이프》의 기사에 감동한 사람 중에는 SF 작가로 명성을 날리던 영국의 아서 클라크Arthur Clarke가 있었다. 그는 기계가 인간을 이어서 진화하는 존재가 될 것이라고 믿었으며, 사이보그가 인간과 기계의 중간 단계에 해당한다고 생각했다. 클라크는 SF의 거장답게 사이보그가 폐나 눈 같은 신체 일부를 기계가 대체하는 것에 그치지 않고, 인터페이스를 통해 인간이 기계 속에 녹아들어가는 것까지 확장될 수 있다고 주장했다. 이때, 인간은 거대한 우주선이 되든가, 아니면 광활한 도시의 일부가 되는 것이었다. 인간이 우주선 같은 기계와 접속해서 하나가 되는 상상은 이후 그의 작품에 종종 소재로 등장했다.

미국의 SF에는 좀 더 직접적인 인간과 기계의 결합이 등장했다. 공군의 바이오닉스 연구에 주목했던 소설가 마틴 카이딘Martin Caidin은 사고로 두 다리와 한 팔, 그리고 한쪽 눈을 잃은 스티브 오스틴이라는 주인공이 등장하는 소설 《사이보그》(1972)를 썼다. 이 소설에서 미국의 특수정보기관인 '전략작전국OSO'은 오스틴에게 엄청난 속력과 힘을 낼 수 있는 기계 다리와 기계 팔, 망원렌

미국 드라마 〈600만 불의 사나이〉의 원작이 된 카이딘의 소설 《사이보그》.

즈와 카메라가 장착된 인공눈을 이식한다. 초인적인 힘을 갖게 된 오스틴은 여자 주인공과 함께 불가능에 가까운 작전을 성공적으로 수행한다.

이 소설은 큰 인기를 끌었고, 곧바로 미국 ABC 방송국에서 이 소설을 원작으로 드라마 〈600만 불의 사나이Six Million Dollar Man〉를 만들었다. 이 드라마는 미국은 물론 우리나라에서도 선풍적인 인기를 누렸다. 주인공인 사이보그 오스틴은 빠른 다리와 강한 팔, 그리고 원격 감시가 가능한 눈으로 위기를 극복하고 비밀 임무를

애니메이션 〈공각기동대〉의 주인공 쿠사나기 소좌는 뇌를 제외한 몸의 대부분을 기계로 대체한 존재이다. 쿠사나기 역시 〈로보캅〉의 머피처럼 인간과 기계 사이에서 혼란을 겪는다.

성공적으로 수행한다. 이 드라마의 인기에 힘입은 ABC 방송국은 소머즈라는 여성 사이보그를 주인공으로 하는 드라마 〈소머즈〉(원제: Bionic Woman)를 제작해 방영하기도 했다.

1987년, 손상된 신체를 기계로 대체한 사이보그 경찰 '로보캅'이 주인공인 영화 〈로보캅〉이 개봉되었다. 이 영화는 아예 사이보그의 정체성 문제를 영화의 핵심 소재로 다루었다. 기억이 지워진 채로, 첨단 상품인 로봇으로 취급되는 주인공 머피는 끊임없이 자신을 괴롭히는 기억의 흔적과 자신이 로봇인가, 인간인가라는 정체성 문제를 놓고 고민한다. 이후 사이보그는 영화 〈블레이드 러너〉, 〈에이리언〉, 〈스타 워즈〉, 〈스타 트렉〉, 〈공각기동대〉 등에 등장하며 SF 영화의 단골 소재가 되었다. 이처럼 사이보그는 과학 연구 프로그램이 아니라 대중문화 속에서 번식했고, 이를 통해 트랜스휴먼 상상력의 일부가 되었던 것이다.

우리는 이미 사이보그인가?

대중문화의 영향으로 사이보그의 시대가 열리자 '우리는 이미 사이보그다'라고 외치는 사람들도 생겨났다. 하지만 미 공군과 나사는 1960년대 중반에 사이보그와 바이오닉스 연구에 대한 지원을 중단했다. 사이버네틱스 연구자 대부분은 인간과 기계의 융합을 꾀하는 사이보그가 아니라, 인간과 기계의 유비를 이용해 인간이나 사회를 연구하는 프로젝트를 주로 수행했다. 사이보그는 과학 연구에서가 아니라, SF와 작가들의 상상력을 통해 대중화되었다.

1960년 사이보그 개념이 창안되고 인공물이 몸속으로 들어온 사례는 인공심장박동기와 제세동기, 인공뼈, 인공관절, 인공혈액 그리고 최근 실험에 성공한 인공각막 정도이다. 다른 장기들에 대한 연구를 비롯해 인간의 뇌와 컴퓨터를 연결하는 실험 및 기계장치를 이용해 감각기관의 역할을 바꾸는 실험이 진행 중이고 피부에 아주 미세하게 흐르는 근전류를 이용한 인공의수 등이 개발 중이지만, 아직 실험 단계에 있는 것들이 대부분이다. 시제품이 개발된 것들조차 너무 비싸서 상용화되기 어려운 현실이다. 인간과 기계는 예나 지금이나 하나로 융합하기에는 너무나 다른 존재이다.

영화에서 사이보그는 머리에 전극을 꽂고 엄청난 용량의 데이터를 전송받거나, 뇌의 데이터가 컴퓨터로 바로 옮겨지는 모습으로 묘사되곤 한다. 그런데 뇌과학 연구자들은 인간의 뇌와 컴퓨터의 메모리가 작동하는 방식이 달라서 컴퓨터에 저장된 것을 뇌로 전송하는 것은 현실적으로 불가능하다고 지적한다. 작은 전자 칩을 팔에 이식하고 스스로를 사이보그라고 부르는 사람들이 늘고 있지만, 이들의 칩은 건물 출입 카드나 버스 승차권을 대체하는 정도의 기능에 그치고 있다. 전자 칩은, 신경과 직접 연결되어 뇌의 명령을 받아 작동되지 않는다. 이런 단순한 목적으로 몸에 칩을 이식한 것은 개나 고양이가 더 먼저였다. 반려동물을 잃어버렸을 때 쉽게 찾기 위해서다. 몸에 전자 칩을 이식한 것만으로 사이보그라고 부르기 힘들다는 얘기다.

오늘날 우리는 그 어느 때보다도 기계와 밀접한 관계를 맺고, 새로운 관계를 만들면서 살아가고 있다. 기계는 우리 몸의 일부로서가 아니라, 그 자체가 하나의 행위자actor로 인간 행위자와 함께 살아간다. 우리는 기계를 바꾸고, 기계는 우리를 바꾼다. 스마트폰이 없으면 불안해하고, 스마트폰을 손에 쥔 순간 할 수 있는 일이 많아진다. 우리는 전례 없이 기계들의 촘촘한 네트워크 속에서 다양한 기계들과 인터페이스를 형성하면서 살아간다. 이렇게 기술과 인간이 서로 의지하고 서로를 바꾸며 살아간다는 의미에서 우리는 사이보그화되었으며, 사이보그는 우리의 존재 조건이라고 할 수 있다. 비록 기계가 우리 몸에 삽입되지는 않았다고 해도 말이다.

5장

로봇에 대한 공포, 인간의 상상력을 자극하다

1932년 영국의 발명가 해리 메이Harry May는 단어를 발음하고 신문을 읽는 로봇 '알파'를 만들었다. 당시 우리나라 신문에도 크게 보도되었던 이 로봇은 190cm 정도의 큰 몸집을 가졌고, 번쩍번쩍하는 램프를 눈에 달고 있었으며, 귀에는 마이크를 달아 사람 목소리를 듣고 작동할 수 있었다. "일어서!"라는 명령에 로봇은 자리에서 일어섰고, "오른팔 들어!"라는 명령에 마치 나치 당원처럼 오른팔을 번쩍 치켜들었다. 게다가 알파는 무선으로 조종을 해서 걸어 다니거나 권총을 발사할 수도 있었다. 메이는 조수가 로봇 속에 숨어서 팔다리를 움직인다는 의혹을 해소하기 위해서 알파의 가슴을 열어서 내부 회로가 드러난 상태에서 로봇을 시연하기도 했다.

미국에서 순회 전시를 하던 어느 날, 메이는 알파를 조종해서 걸어가게 한 뒤 권총을 집어 발사시키는 시연을 하고 있었다. 그

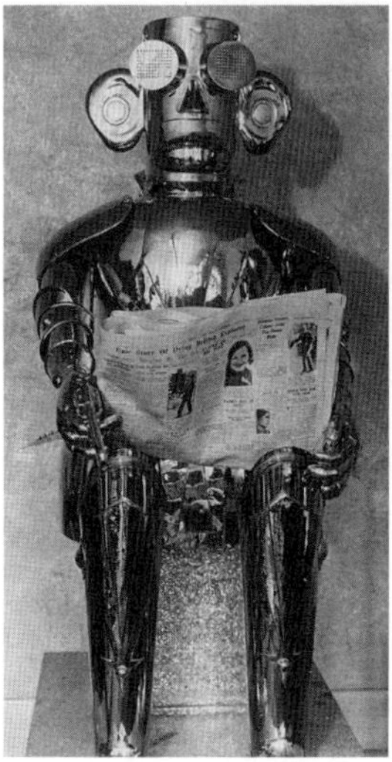

로봇 알파.

Shot by the "Monster" of His Own Creation

The Two-Ton Robot Suddenly Developed a "Mind" of Its Own and Wounded the Inventor Who Feared It Would "Get Him" Some Day.

로봇 알파가 자신을 만든 메이에게 총을 발사했다는 보도 기사이다.

런데 알파가 메이에게 권총을 겨누더니 방아쇠를 당기는 것이 아닌가? 신문들은 마치 프랑켄슈타인의 괴물처럼 인간이 만든 피조물이 인간을 공격했다고 일제히 보도했다. 이 사건은 인간이 발명한 로봇이 인간에게 해를 입힌 최초의 사건으로 회자되었다. 로봇 알파와 발명가 메이에게 무슨 일이 일어났던 것일까? 이에 대한 답을 찾기 전에 20세기 로봇의 원형이라 할 수 있는 자동인형automata, 오토마타의 역사를 간단히 살펴보자.

자동인형에서 로봇으로

사람을 닮은 스스로 움직이는 인형에 대한 갈망은 오랜 역사를 가지고 있다. 고대 중국과 그리스에는 스스로 움직이는 인형에 대한 믿기 힘든 얘기가 많고, 중세 서양의 교회에서는 움직이는 예수상과 악마상을 만들어 신도들의 경외감과 두려움을 불러일으켰다. 16세기 유럽의 귀족과 황실은 정원을 호화롭게 꾸미면서 수압을 이용한 움직이는 조각상들을 설치했는데, 구경 온 사람들이 경탄을 자아냈다. 젊은 데카르트는 앙리 4세의 생제르망 정원에서 사람이 가까이 다가가면 도망가는 다이애너 조각상과 삼지창을 휘두르는 포세이돈 조각상을 보고, 이런 조각이 마치 살아있는 것처럼 움직인다면 살아서 움직이는 동물도 기계에 불과하지 않을까 하고 고민했다.

유럽의 18~19세기는 자동인형 제작의 전성기였다. 프랑스 엔지니어 자크 드 보캉송Jaqzues de Vaucanson은 〈똥 싸는 오리〉와 〈피리 부는 사람〉을 제작했다. 그는 흔히 오르골에서 볼 수 있는 원통형 드럼 위에 추와 수백 개가 넘는 부품으로 인간과 동물의 움직임을 정교하게 표현했다. 스위스의 시계 제작자 피에르 자케드로Pierre Jaquet-Droz는 〈글을 쓰는 사람〉, 〈오르간 치는 여인〉 같은

생제르망 황실 정원에 설치된 자동인형.

정밀한 자동인형을 만들었는데, 오르간을 치는 여인의 얼굴에는 자신의 오르간 소리에 취한 것 같은 감정까지 담아냈다. 글을 쓰는 자동인형은 6,000개의 부품을 사용해 정교하게 제작되었다. 18세기 후반, 헝가리의 귀족 볼프강 폰 켐펠렌Wolfgang von Kempelen은 (비록 가짜였지만) 체스를 두는 기계를 만들어 유명한 체스 애호가들을 격파하기도 했다.

당시 이런 자동인형은 인간과 기계의 경계가 뚜렷하지 않을 수도 있다는 생각을 더욱 부채질했고, 독일의 작가 에른스트 호프만Ernst Hoffmann은 단편소설 〈모래 사나이Der Sandmann〉와 〈자동인형

보캉송의 세 가지 자동인형. 〈피리 부는 사람〉, 〈똥 싸는 오리〉, 〈북을 치는 사람〉.

자케 드로의 〈오르간 치는 여인〉.

Die Automate〉에서 사랑하던 사람이 사실은 자동인형이었음을 알았을 때 느끼는 기괴한 감정을 소재로 삼았다. 호프만의 소설에는 사랑에 빠진 여인이 알고 보니 인형이었다는 결말이 등장하는데, 프로이트가 정신분석학 개념으로 널리 퍼트린 '기괴한unheimlich, uncanny' 느낌도 여기서 유래했다.

18~19세기 자동인형이 숱한 문학적 담론과 철학적 논의를 불러일으켰지만, 자동인형은 추나 태엽을 사용했기 때문에 인간처럼 힘을 발휘할 수 없다는 한계가 있었다. 자동인형은 생김새나 정교한 움직임으로 기괴한 감정을 불러일으킬 수는 있어도, 인간에게 위협적이기는 힘들었던 것이다. 당시 자동인형이 많이 제작되었지만 실제 사람 크기의 걸어 다니는 자동인형은 없었다. 기계장치를 걷게 하는 데에는 많은 에너지가 필요했는데, 당시의

기술로는 그만한 에너지원을 만들 수 없었다.

메리 셸리는 《프랑켄슈타인》에서 프랑켄슈타인 박사가 기계가 아닌 시체를 사용해서 새로운 생명을 만드는 방식을 택했다. 셸리가 호프만의 작품에 등장하는 기계식 자동인형이 아니라 유기체를 택한 것은 당시 기계장치로는 힘센 괴물을 만들 수 없었기 때문일 수도 있다. 프랑켄슈타인 박사가 만든 피조물은 키가 240cm에 강한 힘을 가지고 있었는데, 이런 신체적 조건을 이용해 자신을 만든 주인을 파멸시키는 존재로 그려졌다.

이런 한계는 산업혁명을 통해 새로운 에너지원이 개발되고 보편화되면서 극복되었다. 19세기 초는 증기기관의 시대였고, 후기는 강철과 전기의 시대였다. 새로운 동력과 재료가 개발되면서, 이를 이용한 자동인형에 대한 상상이 이어졌다. 뉴욕에서 발행되던 어린이 신문 《뉴욕의 소년들》은 1870년대 〈프랭크 리드와 초원의 증기 인간〉이라는 소설을 연재해 인기를 끌었는데, 여기에 등장하는 증기 인간은 증기로 움직이는 철제 로봇과 비슷했다. 이 증기 인간은 말 대신 마차를 몰 수 있을 정도로 힘이 세고, 위험에 처한 주인공을 구해주는 착한 로봇이었다. 이 로봇은 아이들의 영웅으로 큰 인기를 끌었다. 이처럼 육체적으로 인간보다 뛰어난 로봇을 상상했으니, 이제 악하고 타락한 로봇의 등장은 시간문제였다.

로봇의 반역과 〈R.U.R.〉

1899년, 미국의 작가 앰브로즈 비어스Ambrose Bierce는 장인이자 발명가인 마스터 목슨을 주인공으로 한 단편소설 〈목슨의 마스터(주인)Moxon's Master〉를 발표했다. 목슨은 체스를 두는 기계를 만든 뒤, 소설의 화자에게 이 기계를 피와 살이 있는 인간처럼 대해야 한다고 자랑한다. 이들은 '생각한다는 것'이 무엇인가에 대해 한참 논하는데, 이후 목슨은 기계와 겨룬 체스 게임에서 승리한다. 이에 분노한 기계는 결국 목슨을 살해한다. 책 제목은 목슨과 기계의 관계가 역전되어, 목슨이 만든 기계가 그의 마스터로 변신한다는 것을 의미한다. 이 소설은 인간이 만든 로봇이 인간을 살해하는 내용을 담은 첫 번째 작품으로 꼽힌다.

인간이 만든 기계가 인간에게 반역하는 테마는 1920년 체코의 작가 카렐 차페크Karel Capek가 쓴 희곡 〈R.U.R.Rossum's Universal Robots〉(로섬의 만능 로봇)에 극적으로 다시 등장했다.* 이 작품은 로봇이라는 단어를 처음 쓴 것으로도 유명하다. 차페크는 로봇이

* 원래 체코어로 쓰인 이 희곡은 제목 R.U.R. 또한 체코어 'Rossumovi Univerzální Roboti'의 약자이다. 그런데 차페크는 체코어 원본에 영문 부제 'Rossum's Universal Robots'도 달아두었다.

연극 〈R.U.R.〉에서 로봇 라디우스는 주인공 헬레나에게 "나는 어떤 주인도 필요하지 않습니다. 나는 다른 사람의 주인이 되고 싶습니다"라고 외친다.

란 단어를 고된 일 또는 노동을 뜻하는 체코어 로보타robota에서 따왔다. 실제로 이 희곡에서 로봇은 인간의 고된 노동을 대신하기 위해 만들어진 존재이다. 이들은 기계적으로 완벽하고 높은 지능과 힘을 가지고 있지만, 영혼이나 감정이 없기 때문에 주어진 일을 불평 없이 충직하게 수행한다. 로봇이 생산과 가사 노동을 전담하는 사회에서 물건 가격은 공짜에 가까울 정도로 하락하고, 인간은 로봇에게 일을 맡기고 여유로운 일상을 누린다. 이런 상황에서 로봇이 반란을 꾀한다.

왜 그동안 충직했던 로봇이 반란을 일으켰을까? 주인공 헬레나는 로봇의 인권을 주장하던 운동 단체 회원이었는데, 그녀는

〈R.U.R.〉에서 로봇이 반란을 일으키는 한 장면.

똑똑한 로봇 라디우스에게 독서를 권하고 (이후 라디우스는 자신이 인간의 주인이 되고 싶다고 얘기한다) 공장의 로봇들이 인간을 미워할지도 모른다는 두려움 때문에 연구 책임자에게 로봇을 개조해 영혼을 넣어달라고 요청한다. 인간보다 강한 힘과 기계적인 특성을 지닌 로봇은 감정과 영혼을 얻자 인간보다 우월한 지위를 점하게 된다. 헬레나의 남편이자 공장 주인인 도민은 로봇이 영혼을 가지면 인간을 사랑할 수 있게 될 줄 알았다는 아내의 얘기를 듣고 "아, 헬레나! 세상에 그 무엇도 인간만큼 인간을 증오할 수 있는 존재는 없어. 돌덩이를 인간으로 변신시켜보라고. 그러면 그들은 우릴 돌로 쳐서 죽일 거야"라고 부르짖는다.

반란을 일으킨 로봇은 알퀴스트를 제외한 모든 인간을 살해한다. 알퀴스트를 살려준 이유는 생식능력이 없는 자신들을 개량하는 데 이용하기 위해서였다. 〈R.U.R.〉의 결말은 서로 사랑하는 남녀 로봇이 상대를 위해 자기를 희생하려는 자발성을 보이고, 알퀴스트는 연민과 희생정신을 보이는 이 남녀 로봇이 새로운 세상에서 생식능력을 가진 아담과 이브가 되었음을 선언한다. 인간이 사라진 땅에서 로봇이라는 새로운 종이 시작되는 것이다.

차페크의 〈R.U.R.〉에서는 인간 대 기계의 차이를 강조한다. 감정이 없던 로봇이 감정을 갖게 되면서 인간과 대립하는 설정도 인간과 기계 로봇의 차이를 보여준다. 그렇지만 이 소설을 인간 대 기계의 대립 구도로만 보기에는 아쉬움이 있다. 로봇이라는 단어가 노동을 의미한 데에서도 볼 수 있듯이, 〈R.U.R.〉는 기계문명 사회에서 노동의 의미를 되짚어주기 때문이다. 사람들이 자식을 낳지 못하는 미래 사회는 노동이 소멸된 사회이기도 하다. 헬레나는 로봇이 많아지면서 아이들이 사라졌다고 한탄하며, 알퀴스트는 사람들이 자식을 못 낳는 이유가 노동을 안 한 지 오래돼서, 즉 힘든 일을 오랫동안 경험하지 못했기 때문이라고 추측한다. 그는 "신이여, 사람들을 예전의 고뇌와 노동으로 돌려보내주소서. 우리에게서 로봇을 도로 가져가주소서"라고 애원한다.

여기서 자식은 미래에 대한 희망을 상징한다. 인간이 노동을

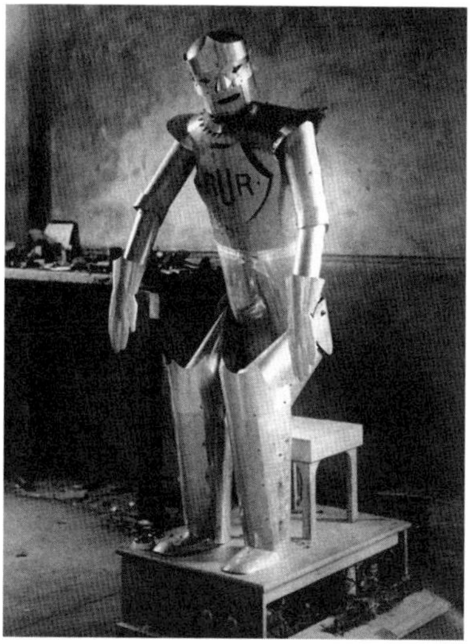

1928년 영국에서 제작된 첫 로봇 에릭의 가슴에는 차페크의 책 제목 'R.U.R.'가 새겨져 있다.

중단하면서 현재는 풍족해졌지만, 미래의 희망은 사라졌다. 인류를 절멸시킨 로봇이 기적적으로 생식능력을 회복하는 마지막 장면에서 보듯이, 차페크는 노동을 하는 존재로부터 희망을 되찾을 수 있다는 점을 역설한다. 〈R.U.R.〉에서 로봇의 반란은 인간의 노동을 경시하는 세상에 대한 노동자의 반란과 다름없다. 기계문명에 대한 비판이나 "인간 대 로봇"의 갈등이 아니라 노동하는 인간 대 노동하지 않는 인간의 대립을 주제로 한 이 책은 당시 사람들이 꿈꾸던, 노동이 사라진 미래 사회에 대한 비판서라고도 할 수 있다.

왜 로봇의 역습인가

1929년 자본주의 경제가 붕괴했다고 느낄 정도의 대공황이 시작되었다. 공장노동자들은 일터에서 쫓겨나 거리로 내몰렸다. 미국에서만 수천 개의 은행과 수십만 개의 기업이 도산했다. 생산은 4분의 1로 감소하고, 임금은 반토막이 났으며, 노동인구의 절반가량이 실업자이거나 그와 비슷한 상태에 놓이게 되었다. 왜 잘나가던 자본주의 경제가 하루아침에 이렇게 폭삭 주저앉았는가? 당시 사람들 사이에서는 공장에 도입된 기계가 노동자들을 쫓아냈기 때문이라는 생각이 지배적이었다. 부의 불평등으로 인한 소비 약화나 과잉 투자 같은 요소들은 눈에 잘 보이지 않지만, 공장에서 밤낮없이 돌아가는 자동기계는 쉽게 눈에 띄기 때문이었다.

이 장은 1932년 주인에게 총을 쏘았던 로봇 알파에 대한 이야기로 시작했다. 당시 무슨 일이 있었던 것일까? 발명가 메이는 로봇 알파의 총 쏘는 시연을 준비하면서 총에 화약을 넣고 있었는데, 화약을 잘못 다루면서 작은 폭발이 일어나서 부상을 입었다. 그런데 이 사건이 와전되어 로봇이 주인에게 총을 발사했다고 신문에 보도된 것이다. 실제 일어났던 사건에 비해 상당한 상상과 과장이 개입된 보도였다. 무엇이 이런 상상과 과장을 가능하게 했을까?

그것은 실업이 만연하던 대공황 시기에 공장에 도입된 자동기계가 노동자들을 쫓아내고 인간의 위치를 차지하고 있다는 두려움이었다. 복잡한 사회문제의 원인을 기계에서 찾은 사람들이 주목한 것이 로봇의 역습이었다. 사람들은 차페크의 〈R.U.R.〉를 노동이 없어지는 사회에 대한 경고가 아니라 인간에 대한 로봇의 역습이라는 식으로 단순하게 해석해서, 로봇이 곧 인간을 공격할 것이라고 두려워하기 시작했다.

고대 그리스에서는 연극 공연 중에 뜬금없이 무대에 등장해 모든 갈등이나 문제를 해결하는 신에 대해 '기계에서 나온 신(데우스 엑스 마키나deus ex machina)'이라는 냉소적인 표현을 썼는데, 1930년대 대공황을 거치면서 로봇 또한 뜬금없이 나타나서 세상에 평지풍파를 일으키는 존재로 각인되기 시작했다. 로봇은 인간의 친구나 인간과 공생하는 존재라기보다는 인간을 위협하는 존재로 서구인들의 상상력을 자극했다. 그래서인지 1950년대 미국에서 처음 발달한 로봇은 팔arm의 형태만을 가지고 있었다. 인간이 만든 로봇이 인간을 해치고 심지어 인간을 멸종시킨다는 두려움은 이렇게 시작되었던 것이다.

6장

인공지능이 체스 세계 챔피언을 꺾다

제2차 세계대전이 끝나고 노버트 위너를 중심으로 모인 사이버네틱스 그룹은 '메이시 학회'를 조직해서 자신들의 새로운 이론을 세상에 퍼트렸다. 이 학회에 참여한 존 폰 노이만은 앨런 튜링의 계산 기계에 대한 논의를 발전시켜서 자기 복제를 할 수 있는 가상 기계인 오토마타를 연구했으며, 클로드 섀넌Claude Shannon은 정보 이론을 발전시켰다. 위너의 학생이었던 올리버 셀프리지Oliver Selfridge는 기계에 의한 패턴 인식을 연구했는데, 이는 지금의 머신 러닝machine learning의 출발이었다. 이제 한두 발자국만 더 내딛으면 이런 사이버네틱스 전통에서 사고하는 기계, 즉 '인공지능artificial intelligence, AI'에 대한 연구가 탄생할 것 같았다.

그런데 사이버네틱스의 전통은 평화롭게 계승되지 못했다. 양자역학의 아버지 막스 플랑크Max Planck는 자식 세대가 아버지 세대를 무대 뒤편으로 밀어냄으로써 과학이 발전한다고 했다. 인공지능은 사이버네틱스를 계승해서가 아니라, 사이버네틱스 세대를 무대 뒤편으로 몰아내면서 등장했다. 모든 탄생이 그렇듯이, 인공지능이라는 신생아의 탄생도 어미의 입장에서는 산고를 동반한 것이었다.

1956년, 인공지능이 태어나다

존 매카시John McCarthy는 고등학교에서 2년을 월반하고 미국의 수재들이 간다는 캘리포니아 공과대학교(칼텍)의 수학과에 입학했다. 그는 필수 과목인 체육을 이수하지 않아 제적당했지만, 군대에 다녀온 뒤 군복무자에게 주어지는 혜택으로 복학했다. 어느 날 그는 학교에서 개최된 뇌과학에 관한 힉슨 심포지엄Hixon Symposium에서 오토마타에 대한 폰 노이만의 발표와 신경망 이론에 대한 맥컬럭의 발표를 듣게 되었다. 이 발표는 무엇을 연구할까 고민하던 그에게 큰 자극이 되었다. 그는 이날부터 '생각하는 기계'를 만드는 문제를 고민하기 시작했다.

매카시는 박사학위를 따기 위해 프린스턴 대학교 수학과에 입학했다. 이때 같은 전공을 하고 있던 동갑내기 마빈 민스키Marvin Minsky를 만나는 행운을 잡았다. 민스키는 대학원 시절 여러 차례

인공지능의 아버지, 매카시
(1960년대).

의 시행착오 끝에 학습할 수 있는 신경망 시뮬레이터 SNARC를 만들었을 정도로 이 분야에서 선두 주자였다. 그 무렵 민스키는 대형 컴퓨터가 작동하는 것을 직접 본 뒤에 사람처럼 생각하는 컴퓨터를 모사simulate하는 문제를 연구하려던 참이었다. 매카시와 민스키는 만나자마자 의기투합했다.

매카시와 민스키는 1952년 여름 벨 연구소Bell Lab에서 일했다. 이때 매카시는 정보 이론을 발전시킨 섀넌을 만나서 자신의 관심에 대해 논의했다. 그의 총명함을 간파한 섀넌은 매카시에게 당시 첨단 주제였던 자기 복제가 가능한 기계인 오토마타에 관한 책을 함께 편집하자고 제안했다. 이제 막 박사학위를 받은 20대 중반의 소장 학자에게 섀넌과의 공동 연구는 미래에도 도움이 될 뿐만 아니라 그 자체로도 명예로운 일이었다.

섀넌과 함께 오토마타에 관한 책을 편집할 때 매카시는 이를 기회로 자신이 연구하는 '생각하는 기계'에 대한 연구자 네트워크를 키우고 싶어 했다. 그런데 섀넌이 선택한 필진 대부분은 섀넌과 친한 사이버네틱스 그룹 회원들이었다. 심리학, 생리학을 연구했던 사이버네틱스 그룹은 인간과 기계의 유사성에 주목했고, 뇌와 비슷하게 작동하는 기계를 만들려고 했다. 이들이 염두에 둔 '생각하는 기계'는 마치 사람처럼 생각하는 기계였다.

그런데 매카시는 처음부터 이런 접근 방법이 마음에 들지 않았다. 그는 사람이 어떻게 생각하는지 정확히 알 수 없다고 봤으며, 또한 '생각하는 기계'는 꼭 사람처럼 생각하지 않더라도 문제만 풀면 된다고 추론했다. 생물학적 혹은 구조적 유사성은 필요하지 않았고 기능만 같으면 됐던 것이다. 비행기가 새처럼 날개를 퍼덕이지 않아도 날 수 있듯이, 사람처럼 생각하지 않아도 생각하는 컴퓨터를 만들 수 있다는 게 그의 판단이었다. 사실 새처럼 날려고 했던 과거의 모든 시도가 실패했듯이, 매카시는 사람처럼 생각하는 기계를 만들려는 시도도 실패할 수밖에 없다고 생각했던 것이다.

이런 상황에서 매카시는 사이버네틱스 그룹 회원 대부분이 자신과는 다른 생각을 가지고 있다는 데 실망했다. 그래서 생각하는 기계에 대한 연구는 이 그룹과 결별하고 새로운 그룹에 의해 추진되어야 한다고 판단했다. 오토마타에 관한 책이 출판될 무렵 그는 '사이버네틱스'나 '오토마타'와 차별화되면서 자신의 연구 프로그램에 적합한 새로운 이름을 찾아냈다. 그것이 바로 '인공지능'이었다. 매카시는 이 단어를 어디에선가 보고 자신이 사용했다고 회고했지만, 후대의 역사학자들조차 매카시 이전에 이 단어를 사용한 기록을 찾지 못했다.

1956년, 매카시는 록펠러 재단에서 연구비를 지원받아 막 취직한 다트머스 대학교에서 '인공지능'을 주제로 두 달 동안 학회를 연다고 공지했다. 민스키, 섀넌, IBM에서 704컴퓨터를 만들었던 너새니얼 로체스터Nathaniel Rochester를 공동 주최자로 끌어들였다. 사이버네틱스 그룹의 일원이었던 섀넌을 포함한 이유는 그의 접근 방법에 동의해서가 아니라, 섀넌이 컴퓨터 과학자들의 존경을 받는 인물이었기 때문이다.

매카시가 쓴 공지문의 제목은 '인공지능에 관한 여름 연구 프로젝트'였으며, 이 학회에서 "학습의 모든 측면 혹은 지능의 모든 특성이 원칙적으로 정확히 기술되어서 이를 모사하는 기계를 만들 수 있다는 가정하에 연구를 진행할 것"이라고 선언했다. 지능이 있다고 간주되는 기계의 제작을 논하는 것이 '다트머스 학회'의 취지였다. 이렇게 인공지능은 1956년 여름 다트머스에서 탄생했다.

다트머스 학회 50주년 기념 명패. '인공지능'이란 말이 처음 사용된 학회였다는 문구가 있다.

기호 인공지능과 체스 프로그램의 발달

스탠퍼드와 프린스턴 대학교에서 수학을 공부한 앨런 뉴얼Allen Newell은 미국의 군사 전략을 연구하던 랜드 연구소Rand Corporation에서 주로 공군의 물류 움직임을 연구하는 연구원으로 일했다. 그러던 중 그는 1950년대 초 위너의 제자였던 셀프리지의 기계의 패턴 인식에 대한 강연을 듣고 큰 충격을 받았다. 기계가 패턴을 인식한다면 곧 '생각하는 기계'도 가능하기 때문이었다. 이후 뉴얼은 기계 학습과 관련된 여러 주제를 독학했고, 지도를 입력하면 알파벳 문자를 조합해 입력된 지도와 모양이 같은 지도를 찍어내는 프린터를 개발했다.

1955년 정치학자 허버트 사이먼Herbert Simon은 랜드 연구소의 자문을 맡아 잠시 그곳에서 일했는데, 당시 뉴얼이 만든 프린터를 보고 감전된 것 같은 기분을 느꼈다. 마치 기계가 글자와 같은 기호symbol를 이해하는 것처럼 보였기 때문이다. 사이먼은 조직의 의사결정에 관해 연구하던 사회과학자였는데, 뉴얼의 프린터를 보고 기계가 인간을 대신해서 의사결정을 내릴 수 있을지 그 가능성을 생각하게 되었다. 이를 계기로 사이먼은 결정을 내리는 기계, 즉 인공지능 연구를 평생의 과업으로 삼겠다고 결심했다.

사이먼(왼쪽)과 뉴얼(오른쪽). 두 사람이 기호 인공지능의 첫 패러다임 사례로 들었던 체스에 대해 토론하는 모습이다.

사이먼은 랜드 연구소에서의 일이 끝나자 재직하고 있던 카네기 멜런 대학교로 돌아왔다. 그는 뉴얼에게 대학의 연구원 자리를 제안하며 함께 일하자고 설득했다. 곧 뉴얼은 랜드 연구소에서 나와 사이먼이 있는 학교로 자리를 옮겼다. 의기투합한 두 사람은 1955년 겨울 동안 인공지능에 대해 집중적으로 연구한 끝에 1956년 봄 컴퓨터로 논리 문제를 푸는 프로그램인 '논리 이론가Logic Theorist'를 완성했다. 이 프로그램은 명실상부한 첫 번째 인공지능이었다. 이것은 화이트헤드와 러셀의 난해한 저작인《수학 원리》의 52개 증명 중 38개를 순식간에 해결했는데, 적어도 그중 한 명제에 대해서는 화이트헤드와 러셀보다 더 우아한 증명을 펼쳐 보였다.

'논리 이론가' 프로그램에 대한 소문은 삽시간에 퍼졌다. 1956

년 여름 학회를 준비하던 매카시는 이 소문의 주인공인 뉴얼과 사이먼을 만난 뒤, 다트머스 학회에 초대했다. 학회에는 10명이 공식 초청을 받았다. 이들 중에서도 핵심 네트워크는 매카시, 민스키, 뉴얼, 사이먼이었다. 위너, 피츠, 맥컬럭 같은 사이버네틱스 그룹의 회원들은 대부분 배제되었다.

학회가 성공적으로 마무리된 이후 매카시와 민스키는 MIT로 옮겨와 그곳에서 인공지능 연구소를 설립해 학생들과 함께 본격적인 연구를 시작했다. 그러다가 매카시는 다시 스탠포드 대학교로 적을 옮겨 인공지능 연구소를 설립했다. 뉴얼과 사이먼은 카네기 멜런 대학교에서 인공지능 연구를 계속했다. 미국에는 이렇게 MIT, 스탠퍼드, 카네기 멜런 세 곳의 대학에 센터가 설립되어 인공지능 연구를 이끌었고, 대서양 건너편 영국의 에든버러 대학교에 설립된 인공지능 연구소가 이 연결망을 유럽으로 확장했다.

이들은 모두 인공지능 연구가 인간의 뇌를 닮은 컴퓨터를 만드는 것이 아니라, 문제를 푸는 컴퓨터를 만드는 데 집중되어야 한다고 생각했다. 이들은 자신들의 접근 방법을 '기호 인공지능 symbolic AI'이라고 불렀다. 기호 인공지능이 도전한 대상은 체스였다. 서양에서는 오래전부터 "체스를 두는 기계라면 지능을 가졌다고 할 수 있다"는 얘기가 회자되곤 했다. 앞 장에서도 잠깐 언급했지만, 18세기 말 유럽에서 체스를 두는 인형이 제작되어 큰

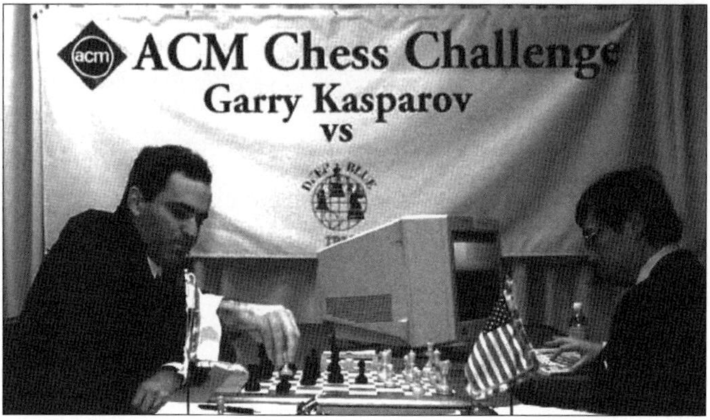

1997년 세계 체스 챔피언 카스파로프와 IBM사 딥블루의 대결.

관심을 받은 적이 있었다. 이 인형은 나중에 눈속임이라고 판명났지만, 당대 최고 수학자 찰스 배비지Charles Babbage는 이 인형과 체스를 둔 뒤 생각하는 기계를 만드는 일이 가능하다고 결론 내리고, 연산기계의 설계와 제작에 착수하기도 했다. 이런 맥락을 감안한다면 생각하는 기계를 만들려던 초기 인공지능 연구자들이 체스를 두는 인공지능에 도전한 것은 어찌 보면 당연한 귀결이었다.

당시 체스 프로그램은 마치 체스 마스터처럼 체스를 두거나, 순전히 논리적인 방식으로 체스를 두는 게 가능했다. 전자는 인간의 지능을 모사하는 것이었고, 후자는 인간의 지능과는 무관한 접근 방법이었다. 뉴얼과 사이먼의 그룹은 후자 쪽을 택한 뒤, 이를 간편하게 하는 '알파-베타 가지치기alpha-beta pruning' 방법을 개발했다. 매카시도 체스 프로그램을 개량해서 당시 소련의 프로그램과 한판 승부를 펼쳤다. 컴퓨터의 용량이 늘어나고 연산 속도가 빨라지면서, 체스 프로그램은 더 많은 논리적 연산을 더 짧은 시간에 수행하게 되었다. 그 결과 인공지능은 고수와의 대국에서도 맞설 수 있게 되었다. 1997년 IBM의 '딥블루Deep Blue'는 세계 체스 챔피언 가리 카스파로프Garry Kasparov와 벌인 대국에서 3.5 대 2.5의 점수 차이로 승리를 거두었다. 그렇지만 딥블루가 인간처럼 생각하는 컴퓨터가 아니라는 점에서, 이 승리가 인공지능이 인간의 사고를 뛰어넘었음을 의미하는 것은 아니었다.

신경망 인공지능의 죽음과 부활

기존 컴퓨터 프로그램과 인공지능의 차이점은 인공지능에는 스스로 배우고 추론하고 결정을 내리는 등의 기능이 있다는 점이었다. 변화하는 상황에 대처하는 여러 형태의 '적응 로봇'이 개발되었는데, 1961년 미 공군은 보상과 처벌을 구별하는 기계를 설계했다. 사이버네틱스 연구자 고든 패스크Gordon Pask는 가정교사

인간의 뇌신경을 모사해 만든 로젠블랫의 '마크 I 퍼셉트론'(내부 회로).

역할을 하는 기계를 발명했다. 또 다른 연구자들은 공식 없이도 수학 문제를 푸는 '사이버트론Cybertron'이라는 기계를 만들었고, MIT 연구자들은 패턴을 인식하는 '팬더모니엄Pandemonium'을 개발했다.

사이버네틱스의 전통을 계승한 일부 연구자들은 인간의 뇌를 닮은 컴퓨터를 만드는 데 관심이 높았다. 이들은 계속해서 뇌를 자극하면 뇌세포를 연결하는 부위인 시냅스가 강화된다는 도널드 헵Donald Hebb의 연구와 맥컬럭-피츠 모델에 근거해 뇌를 모사한 인공지능을 만들려고 했다. 1960년 코넬 대학교에서 심리학과 뇌과학을 전공한 프랭크 로젠블랫Frank Rosenblatt은 인간의 뇌 구조를 모사한 '퍼셉트론Perceptron' 컴퓨터 '마크 I'을 개발했다. 퍼셉트론은 뇌의 뉴런처럼 병렬연결된 신경망 회로를 갖고 있었고, 어린아이가 배우듯이 시행착오를 거쳐 배우고 학습한 것을 축적할 수 있었다. 로젠블랫은 퍼셉트론에게 체스를 가르쳐서 스스로 익히게 할 수 있다고 생각했고, 이것이 인간의 뇌처럼 "궁극적으로 배우고, 결정하고, 언어를 번역하게 될 것이다"라고 낙관했다. 당시 여러 전문가와 대중매체는 퍼셉트론이 인공지능 연구의 새 장을 열었으며, 발전 가능성이 무궁무진하다고 높게 평가했다.

그러나 기호 인공지능 진영에서는 퍼셉트론 같은 신경망 컴퓨터에 대해 비판을 쏟아냈다. 무엇보다 1969년 민스키와 그의 동료인 시모어 페퍼트Seymour Papert는 신경망 컴퓨터가 매우 간단하면서도 논리적 연산 가운데 필수적인 연산 하나를 할 수 없다고 주장했다.* 이들의 주장은 매우 설득력이 있는 것처럼 보였고, 당시 기호 인공지능 진영에서는 이 증명이 신경망 컴퓨터에 내린 '사형선고'라고 간주했다. 그런 데다 안타깝게도 2년 뒤 퍼셉트론을 설계하고 신경망 컴퓨터의 연구 프로그램을 주도하던 로젠블렛이 43번째 생일에 불의의 보트 사고로 사망했다. 그의 죽음으로 신경망 컴퓨터 연구는 동력을 잃고, 연구 프로그램마저 중단되었다. 시간이 흐르면서 신경망 컴퓨터는 인공지능 연구자들 사이에서 잊혀갔다. 그 후 10여 년간 인공지능 연구는 기호 인공지능이 지배했다.

1970년대 내내 실패한 패러다임 같았던 신경망 컴퓨터는 1980년대에 다시 등장했다. 캐나다의 수학자 제프리 힌턴Geoffery Hinton 같은 신경망 인공지능 연구자들은 신경망 회로의 층을 여러 개 만들고 특정한 알고리듬을 구현하면 민스키와 페퍼트가 비판한 문제가 해결될 수 있다고 보았다. 신경망 인공지능도 기호 인공지능처럼 논리적 연산을 할 수 있다는 것이었다. 그렇지만 힌턴의 아이디어가 실현되기 위해서는 값싼 하드웨어가 나올 때까지

* 민스키와 페퍼트는 퍼셉트론 두 개의 입력 값이 같은 것인지, 아니면 다른 것인지를 구별하는 '배타적 OR 문제'를 해결할 수 없다는 것을 증명했다.

기다려야 했다. 2010년이 돼서야 신경망 인공지능은 기호 인공지능이 하지 못하는 패턴 인식 등을 해내기 시작했다. 2016년 신경망 인공지능을 이용한 알파고가 이세돌 국수와 대결해서 4 대 1로 이기는 기염을 토했고, 지금은 자연어 번역, 음성 인식, 패턴 인식 등의 영역에서 기호 인공지능이 도저히 따라갈 수 없는 발전을 보이고 있다. 인공지능은 이제 '머신 러닝', '딥 러닝'의 방법을 사용하면서 다시 새로운 르네상스를 열고 있다.

7장

앨런 튜링이 생각하는 기계를 검증하는 방법을 고안하다

1954년 6월 7일, 영국의 수학자이자 컴퓨터공학의 선구자 앨런 튜링은 자택에서 스스로 목숨을 끊은 채로 발견됐다. 사인은 청산가리 중독이었다. 그의 침대 옆에는 먹다 만 사과가 하나 놓여 있었다.*

튜링은 자살하기 2년 전인 1952년 동성애 문제로 재판을 받았다. 당시 동성애는 2년의 징역형에 처할 수 있는 범죄였다. 동성애로 기소된 사람은 징역형이나 화학적 거세를 선택해야 했는데, 이는 튜링도 마찬가지였다. 튜링은 여성호르몬을 주입하는 화학적 거세를 선택했다. 그는 자신의 성 정체성이 낱낱이 까발려진

* 튜링이 청산가리를 주입한 사과를 한 입 베어 먹고 자살했다고 알려져 있지만, 사실 경찰은 사과를 조사하지 않았다. 따라서 사과에 독이 있는지 없는지는 확인된 바가 없다. 즉, 어떤 과정에서 그가 청산가리에 중독되었는지 밝혀지지 않았다는 것이다. 그가 (마치 백설 공주처럼) 독을 바른 사과를 먹고 죽었다는 얘기는 소문일 뿐이다.

영국의 수학자이자 컴퓨터 과학의 선구자 튜링.

재판과 1년에 걸친 호르몬 주입 과정에서 크게 좌절했던 것으로 보인다. 여성처럼 가슴이 부풀어 오르는 것에 괴로워하던 심정을 친구에게 토로하기도 했다. 호르몬 주입이 끝나고 튜링은 일상생활과 연구로 복귀하는 것 같았다. 심지어 새로운 연구 주제에 의욕을 보이도 했다. 이런 상황에서 그의 죽음은 너무나 갑작스러운 것이었다. 그가 생의 마지막을 생각했다는 단편적인 증거가 없지 않았지만, 튜링의 자살은 그를 아끼던 모든 이에게 안타까운 사건이었다.

컴퓨터의 착상, 에니그마, AEC 보고서

가장 권위 있는 튜링의 전기는 앤드루 호지스Andrew Hodges가 쓴 《앨런 튜링Alan Turing: The enigma》이다. 호지스는 이 전기의 부제를 '에니그마enigma', 즉 '수수께끼'라고 붙였다. 왜 에니그마일까? 한 가지 이유는 제2차 세계대전 당시 튜링이 에니그마라고 불린 독일군 암호기에서 생성된 난해한 암호를 푸는 데 공헌했기 때문일 것이다. 그런데 이게 전부일까? 튜링의 삶과 업적에 관련해 이해하기 힘든 수수께끼라도 있었던 것은 아닐까?

현대 컴퓨터의 개념 설계가 포함되어 있는 그의 첫 논문을 이해하기 위해서는 '기계의 세기'인 20세기 초로 거슬러 올라가야 한다. 당시 유럽의 최고 수학자로 명성이 자자하던 독일의 다비드 힐베르트David Hilbert는 기계화되어가는 세상을 보면서 놀라운 상상을 했다. 수학자들이 몇 년을 끙끙거리다 겨우 해결하는 복잡한 증명을 기계가 대신할 수는 없을까? 수학의 증명은 몇 가지 공리와 추론을 위한 규칙들로 이루어져 있는데, 이를 기계적으로, 혹은 자동적으로 하는 것은 불가능할까? 그는 이것의 가능성에 대해 수학계에 질문했다. 힐버트가 던진 이 문제로 수학자들은 수년 동안 골머리를 썩었는데, 1931년 독일의 수학자 쿠르트 괴델Kurt Gödel이 이것이 불가능하다는 것을 증명했다. 괴델의 정리에 따르면, 수학 체계 속에는 공리와 추론 규칙만으로 증명할 수 없는 명제가 항상 존재하고 있다는 것이었다.

'불완전성 정리'라고 불린 괴델의 증명이 유럽 지성계에 던진 충격은 엄청났다. 괴델의 증명은 인간 이성의 한계를 보여준 것이라고 해석되었고, 이는 지식 체계의 확실하고 굳건한 토대를 구축하려 했던 과학자들과 철학자들을 좌절시켰다. 튜링이 다니던 케임브리지 대학교에서도 괴델의 증명은 화젯거리이자 토론의 대상이었다. 1936년, 수학과 대학생이던 24세의 튜링은 자신만의 방법으로 괴델의 증명을 재연하는 〈계산 가능한 수와 결정

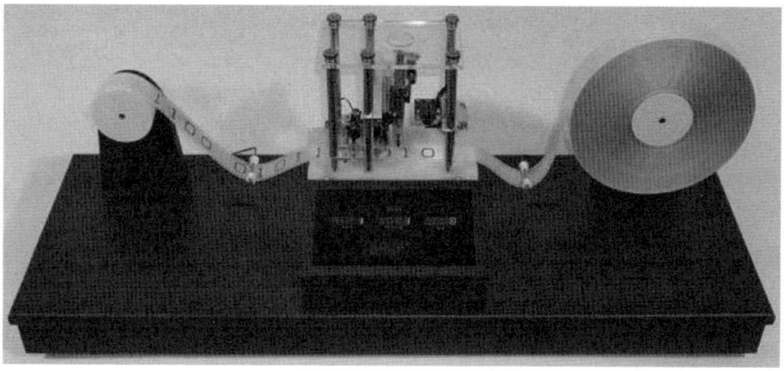

튜링 기계 모형.

문제의 응용에 관하여On Computable Numbers, with an Application to the Entscheidungsproblem〉라는 논문을 발표했다.

튜링은 이를 증명하는 과정에서 특정한 규칙에 따라 무한히 긴 테이프에 새겨진 기호를 읽는 가상의 기계를 고안했다. '튜링 기계Turing Machine'라 불리는 이 기계는 지금으로 치면 컴퓨터 CPU(중앙처리장치)와 비슷한 기능을 수행했다. 그는 여기에 그치지 않고 다른 튜링 기계들이 수행하는 알고리듬을 정확하게 모사하는 '보편 만능 기계Universal Machine'를 착상했다. 이 기계는 인간이 할 수 있는 모든 알고리듬을 그대로 수행할 수 있었는데, 컴퓨터 과학자들은 이 보편 만능 기계에서 최초의 프로그램 내장형 컴퓨터의 개념을 찾을 수 있다고 평가한다.

튜링 기계가 후대에 미친 영향에 대해서는 평가가 엇갈린다.

튜링은 헐리우드에서 영화로 제작될 만큼 신화적인 인물이었고, 그의 추종자들은 현대 컴퓨터의 기본 설계가 튜링의 추상적인 논문에서 비롯되었다고 주장한다. 특히 튜링이 프린스턴 대학교에서 수학으로 박사학위를 딸 때, 괴델과 폰 노이만이 프린스턴에 있었고, 튜링의 아이디어가 폰 노이만을 통해 제2차 세계대전 중에 미국이 만든 ENIAC, EDVAC 같은 전자 컴퓨터에 실질적으로 구현되었다는 것이다.

그렇지만 컴퓨터 역사를 연구하는 역사학자 다수는 이런 의견에 동의하지 않는다. 튜링의 추상적이고 이론적인 논문은 당시 컴퓨터를 제작하던 사람들에게 거의 읽히지 않았으며, 튜링이 폰 노이만에게 미친 영향도 거의 없었다는 것이다.* '컴퓨터의 아버지 튜링'이라는 이미지는 1950년대 이후 컴퓨터 과학의 이론적인 근원을 수리 논리학에서 찾으려던 사람들에 의해 만들어졌다는 것이 역사학자들의 전반적인 견해다.

다만 확실한 사실은 튜링의 활동이 추상적인 수학 문제 풀이에만 머물지 않았다는 것이다. 튜링은 제2차 세계대전 당시 독일군

* 튜링에게 영감을 받아서, 튜링을 명시적으로 언급하면서 만들어진 컴퓨터로는 1950년대 네덜란드 수학자 빌럼 반 데르 폴Willem van der Poel이 설계한 'ZERO'라는 컴퓨터가 있다. 그렇지만 이 컴퓨터의 제작은 일반적인 범례라기보다는 예외에 가깝다.

독일의 암호 기계 에니그마.

튜링이 고안한 봄베 기계.

의 암호를 해독하기 위한 비밀 작전에 투입되었다. 작전 본부는 런던에서 조금 떨어진 블레츨리 파크Bletchley Park에 위치한 고택이었다. 당시 독일군은 '에니그마'라는 암호 기계로 암호화한 메시지들을 전송했는데, 독일은 이 기계가 만들어내는 경우의 수가 너무 많아서 인간의 능력으로는 이를 해독할 수 없을 것이라고 자신하고 있었다. 튜링이 속한 암호해독반의 목표는 독일군의 에니그마 암호를 풀어내는 것이었다. 튜링은 인간이 해독할 수 없는 암호를 기계가 해독할 수 있다고 생각했고, 암호 해독에 필요한 계산을 위해 봄베Bombe라는 전자기계식 계산기를 만들었다. 튜링과 그의 연구팀은 오랜 노력 끝에 독일의 암호 해독 방법을 찾아냈다.

1941년 여름이 되자 영국군은 독일 해군의 암호를 거의 실시간으로 해독할 수 있게 됐다. 독일은 자신들의 암호가 적군에 의해 해독되고 있다는 사실을 모른 채 비밀 메시지를 계속 송신했다. 독일 암호의 해독은 대서양 해전에서 영국이 승기를 잡는 데 결정적인 역할을 했다. 제2차 세계대전의 역사를 연구하는 어느 역사학자는 튜링과 그의 팀의 독일 암호 해독으로 전쟁이 2년 일찍 끝났고, 200만 명의 생명을 구했다고 평가한다. 전쟁이 끝날 무렵 튜링은 자신이 1936년 논문에 개념적으로 제시했던 프로그램 내장형 컴퓨터의 구체적인 설계도를 작성하는 일을 맡았고,

1946년 이에 관한 보고서를 완성해 제출했다. 튜링의 보고서는 비슷한 내용을 담은 폰 노이만의 보고서 〈EDVAC에 관한 보고서 초안First Draft of a Report on the EDVAC〉(1945)보다 조금 늦었지만, 프로그램 내장형 컴퓨터에 대한 가장 상세한 설계로 평가되고 있다.

인공지능을 테스트하는 튜링 테스트

이후 맨체스터 대학교 교수가 된 튜링은 교내에 거대한 컴퓨터를 만들고 운영하는 책임을 맡았다. 그런데 이런 실용적인 프로젝트를 시작했지만, 그의 관심과 연구는 점점 추상적인 것이 되어갔다. 그는 〈형태 발생의 화학적 기초The Chemical Basis of Morphogenesis〉라는 수리 생물학에 관한 논문을 발표했으며, 컴퓨터 체스 프로그램을 개발했다. 당시는 이 프로그램을 실행할 수 있는 컴퓨터가 없던 시절이어서, 그는 머릿속에 존재하는 가상의 컴퓨터에 프로그램을 돌리면서 체스를 두어야 했다.

추상적인 작업에 몰두하면서 그의 천재성은 또 한번 결실을 맺었는데, 바로 1950년에 출판한 〈계산기계와 지능Computing Machinery and Intelligence〉이라는 논문이었다. 이 논문은 생각하는 인공지능을 판별하는 '튜링 테스트'의 절차를 담고 있었다. 튜링은 논문의 서

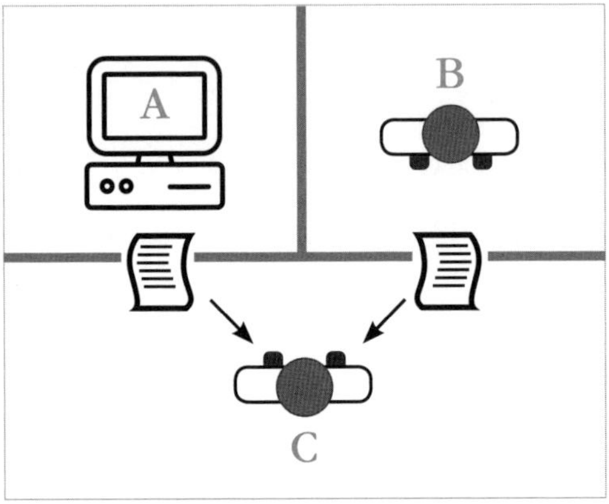

통상적인 튜링 테스트.

두에서 "기계가 생각할 수 있는가"라는 대담한 질문을 던지고, 자신이 고안한 '튜링 테스트'를 통과하면 기계가 생각한다고 볼 수 있다고 주장했다.*

우리가 알고 있는 튜링 테스트는 이렇다. 컴퓨터(A)와 인간(B)은 각각 분리된 공간에 있고, 심판관(C)의 질문에 대한 대답을 통해, 심판관이 인간과 컴퓨터를 구별해내는 테스트다. 대략 5분여 동안 질문을 하는데, 절반의 확률로 어느 쪽이 인간이고 어느 쪽

* 오늘날과 같은 인공지능 시대에 기계가 생각할 수 있다는 주장이 뭐 그렇게 대단하냐고 반문할 수도 있다. 그렇지만 당시는 인공지능은커녕 간편한 계산기조차 없었다. 따라서 기계가 생각할 수 있는지를 가늠하는 기준을 만든다는 발상 자체가 전례 없는 것이었다.

모방 게임. 여기서는 남자(A)가 여자(B)를 흉내 낼 때 심판관(C)이 누가 남자이고 누가 여자인가를 맞혀야 한다.

컴퓨터(A)는 여성(B)을 모방해서 여성인 척한다. 이때 심판관(C)은 어느 쪽이 컴퓨터이고 어느 쪽이 사람인지를 맞혀야 한다. 심판관이 이를 맞히지 못하면 컴퓨터가 '생각한다'고 할 수 있다.

이 컴퓨터인가를 맞히지 못하면 컴퓨터가 지능을 가졌다고 본다. 이 테스트는 인공지능계의 전설이라고 할 정도로 널리 알려져 있다.

그런데 튜링이 1950년 논문에서 제안한 테스트는 이런 것이 아니었다. 원래 논문은 '모방 게임Imitation Game'이라 불리는, 서양에서 어른들이 종종 하던 게임에서 시작한다. 커튼을 사이에 두고 남자(A), 여자(B)가 같은 쪽에 서고 심판관(C)이 반대쪽에 선다. 목소리로 남녀를 구분할 수 있기 때문에 질문과 대답은 쪽지로만 이루어진다. 심판관의 질문에 여자는 솔직하게 대답해야 하고, 남자는 여자인 척 대답을 한다. 이때 심판관이 어느 쪽이 남자이고 어느 쪽이 여자인지를 맞히는 것이다. 심판관은 성별을 가려내기 위해 여자는 잘 알지만 남자에게는 낯선 질문을 할 수도 있다.

튜링 테스트의 첫 번째 버전은, 이 중 남자(A)를 컴퓨터로 대체한 것이다. 심판관(C)의 질문에 대해 여자(B)는 솔직하게 대답하고, 컴퓨터(A)는 여자(B)를 모방해서 대답한다. 5분여 동안 질문과 대답을 하면서 어느 쪽이 인간이고 어느 쪽이 컴퓨터인가를 맞히는 것이다. 컴퓨터는 단지 인간인 척하는 것이 아니라, 성이 없으면서 여자인 척하는 것이다. 즉, 인간을 모방하는 것이 아니라 사회적 성별gender이 없는 컴퓨터가 인간의 성별을 모방하는 것이다. 그런데 이게 끝이 아니다. 튜링은 여자를 남자로 대체하고 남자에게 여자인 척 흉내 내게 한다. 컴퓨터는 여자를 흉내 내는 남자와 경쟁해서 여자인 척한다. 이때 심판관은 어느 쪽이 인간이고 어느 쪽이 컴퓨터인가를 맞혀야 한다.

진짜 여자인지 여자 흉내를 내는 컴퓨터인지를 알기 위해 심판관은 어떤 질문을 해야 할까? 아마 이런 질문을 할 것이다.

심판관: 가장 최근에 당신은 머리 손질을 어디서 했습니까?

심판관: 지난 크리스마스에 받은 선물 중 당신을 가장 기쁘게 한 것은 무엇입니까?

이런 질문을 잘 살펴보면, '생각'을 묻는다기보다는 '욕망'에 대해 질문하고 있음을 알 수 있다. 왜 이렇게 복잡할까? 왜 아무 질문이나 던지고 이에 답해서 컴퓨터와 인간을 구별하는 것이 아니라, 사회적 성 역할을 흉내 내는 임무를 맡기고 이를 통해 인간과 컴퓨터를 구별하게 했을까?

튜링의 논문을 읽은 많은 사람이 이 성 역할 놀이를 기계의 지능을 테스트하는 기준으로 삼은 데 대해 비판했다. 다른 한편에서는 튜링 테스트가 남을 속이는 능력을 테스트하는 것으로, 인간 지능의 척도가 될 수 없다고 지적했다. 하지만 이런 비판들에도 불구하고 튜링은 자신의 생각을 수정하지 않았다.

튜링은 인간과 기계의 경계가 분명치 않다고 보았다. 그는 논문에서 향후 50년 안에 튜링 테스트를 통과하는 인공지능이 만들어질 것이라고 내다봤다. '사고'라는 기준에서 보면 기계와 인간의 경계가 불분명해지는 것이었다. 그런데 페미니즘 철학자인 주디스 제노바Judith Genova는 튜링이 이 테스트를 통해 말하고 싶어 한 것은 여기에 그치지 않는다고 주장했다. 그녀는 튜링이 성 역할 놀이를 테스트에 도입한 이유에 대해 그가 인간-기계의 경계가 임의적이라는 것 외에 남녀의 사회적 성별의 경계 또한 (심지어 더 나아가 생물학적 성의 경계까지도) 임의적이라는 것을 말하고 싶어서였다고 해석했다. 게다가 심판관의 질문들을 잘 살펴보면 튜링이 사고와 욕망의 경계도 문제 삼았음을 알 수 있다. 제노바는 튜링이 인공지능의 성능을 검사하는 테스트 하나를 만들어낸 것이 아니라, 수천 년 동안 서구 사회에서 받아들였던 이분법적 사고들을 비판하고 부정하는 지적인 도전을 감행했다고 해석했다. 이러한 심원한 문제의식은 튜링이 자신의 성 정체성을 감추고 살면서 성 역할의 경계와 같은 문제를 오랫동안 고민했다는 사실로부터 출발했음이 분명해 보인다.

튜링이 튜링 테스트를 통해 말하고 싶었던 것은?

튜링은 1950년을 기준으로 해서 50년 이내로 자신의 테스트를 통과하는 기계가 만들어질 것이라고 낙관했다. 20세기 말이 되면 인간-기계, 남성-여성의 경계가 중요하지 않은 세상이 올 것이라고 상상했던 것 같다. 또한 동성애에 대한 차별이 사라지는 것은 물론, 성별의 경계를 넘나드는 세상이 오리라고 생각했던 것이다.

이것이 튜링이 '생각하는 기계'에 대한 테스트를 이해할 수 없을 만큼 복잡하게 만들었던 진짜 이유였다.

당시는 영국의 여성들이 남성들과 동등한 참정권을 쟁취한 지 불과 20여 년밖에 되지 않은 때였으며, 동성애는 여전히 범죄로 취급되고 있었다. 컴퓨터가 개발된 지도 몇 년 안 된 시점이었다. 이를 감안하면 튜링의 제안은 사회적·기술적 측면 모두에서 당대의 수준을 크게 뛰어넘은 것이었다. 튜링 테스트에 대해서는 공학적·철학적 관점에서 여러 비판이 있었지만, 그의 원래 제안에 스며 있던 성 역할의 경계를 허물려던 전복적이고 혁명적인 냄새를 맡은 사람은 드물었다.

튜링은 동성애자라는 이유로 재판정에 섰고, 사생활이 다 공개됐으며, 여성호르몬을 투여하는 '치료'로 인해 신체적 변화를 겪으며 괴로워하다가 자살했다. 영국에서 동성애를 처벌하는 법령은 1967년에 폐지되었으며, 2013년에는 동성결혼 법안이 통과되었다. 인권운동가들은 과거에 법적 처벌을 받은 사람들을 사면·복권해달라는 청원 상자를 총리에게 전달했는데, 이 상자에는 튜링의 얼굴이 인쇄되어 있었다. 튜링은 2013년 12월에 사면되었다. 인권운동가들은 튜링의 사면을 환영하면서도, 뛰어난 업적을 남긴 사람만 사면 대상에 포함한 영국 정부를 비판했다. 결국 2017년 1월 동성애자를 사면하는 법안이 통과됨에 따라 과거에

사회의 인식을 점차 바꿔나간 영국의 동성애 차별에 반대하는 시위.

처벌받았던 모든 동성애자가 사면되었다. 이 법안은 '앨런 튜링 법'이라고 이름 붙여졌다.

튜링 테스트는 챗봇chat bot이나 인공지능 스피커 같은 인공지능 프로그램을 개발하는 사람들에게 아직도 넘어야 할 산으로 남아 있다. 이런 프로그램을 개발하는 회사나 엔지니어들은 종종 자신들이 개발한 챗봇이 튜링 테스트를 통과했다고 주장하곤 한다. 그렇지만 인공지능은 아직도 인간의 일반 지능에 한참 미치지 못하고 있다. 얼굴을 잘 인식하고 바둑을 잘 둬도, 전반적인 지능 수준은 6세 아이보다도 낮다. 튜링 테스트를 통과한 '생각하는' 기계는 아직 만들어지지 않았다고 보는 것이 정확하며, 얼마나 가까운 미래에 이런 기계가 만들어질지도 의문이다.

한 가지 다행스러운 일은 동성애에 대한 우리의 생각은 튜링이 생을 마감한 1950년대 초반에 비해 상당히 발전했다는 것이다. 아직도 뿌리 깊은 편견으로 동성애에 대한 혐오 표현이 사라지지 않았지만, 성 정체성에 대해 유연한 사회, 성 소수자 차별이 없는 세상을 향해 인류는 한 걸음씩 나아가고 있다. 동성애를 죄악시하는 태도는 과거에 비해 확연하게 약해졌다. 아마 튜링이 지금 세상을 볼 수 있다면, 알파고 같은 인공지능이 아니라, 서로 다른 사람들이 더불어 사는 세상에 대해 더 만족스러워할지 모르겠다.

8장

초지능,
인류의 친구인가
적인가

제2차 세계대전 동안 진행된 튜링의 암호 해독 프로젝트에는 수학과 공학을 전공한 과학자들이 동원되었다. 수학과 베이지안 통계학을 전공했던 어빙 존 굿Irving John Good도 튜링을 돕던 사람이었다. 앞서 얘기했듯이 암호를 풀기 위해 암호 해독용 컴퓨터를 개발한 튜링은 전쟁이 끝나고 인공지능에 대한 '튜링 테스트'를 제안했다. 1950년대에는 미국과 영국에서 군사용·교육용 컴퓨터가 제작되었고, 1960년대에는 상업용 컴퓨터가 등장했다. 굿 또한 점점 똑똑해지는 컴퓨터를 보면서 1965년 "초지능" 기계를 상상했다.

영국의 수학자이자 통계학자인 굿.

똑똑한 사람보다 훨씬 더 똑똑한 초지능

초지능 기계란, 똑똑한 사람들의 모든 지적 능력을 훨씬 더 초월하는 기계로 정의된다. 인간에게는 기계를 만드는 능력이 있기 때문에, 초지능 기계는 더 뛰어난 기계를 만들 수 있다. 그렇다면 의심의 여지없이 '지능의 폭발' 같은 것이 일어날 수 있고, 인간의 지능은 한참 뒤쳐지게 될 것이다. 따라서 만약에 이 초지능 기계가 자신의 통제 방법을 인간에게 말해줄 정도로 온순하다면, 이 첫 번째 초지능 기계는 인간의 마지막 발명이 될 것이다.

굿의 예측은 여러 가지 점에서 흥미롭다. 우선, 그는 초지능 기계를 "똑똑한 사람들의 모든 지적 능력을 훨씬 더 초월하는 기계"라고 정의했다. 그리고 초지능 기계가 다른 기계들을 만드는 데 인간보다 뛰어날 것이라고 생각했다. 초지능 기계는 냉장고, 텔레비전 같은 일상의 전자제품에 사용되는 기술뿐 아니라 로봇, 전투 무기, 핵폭탄 등도 훨씬 더 위력적으로 만들어낼 수 있다는 것이다. 심지어 지금 우리가 상상할 수도 없는 기술이나 무기 생산도 가능하다. 인간은 더 이상 새로운 발명에 골머리를 앓을 필요

스탠리 큐브릭 감독의 영화 〈2001 스페이스 오디세이〉에 등장한 인공지능 컴퓨터 HAL. "데이브, 미안하지만 그것은 할 수 없어요" 하면서 인간의 명령을 거부하는 장면으로 유명하다.

가 없기에, 초지능 기계는 인간의 '마지막 발명'이 될 것이었다.

초지능 기계는 자기보다 더 우월한 초지능 기계를 만들 수 있고, 이 기계는 또 자기보다 더 뛰어난 기계를 만들 수 있다. 그래서 순식간에 '지능의 폭발'이 발생한다. 이렇게 되면 인간은 할 일이 없어진다. 인간이 개미를 내려다보듯이, 초지능 기계는 인간을 내려다보면서 인간에 대해 생각할 것이다. 비록 인간이 자신을 만들었지만, 인간의 존재가 자신에게 무슨 도움이 될까? 노동력이 필요하다면 인간을 대신할 로봇을 만들면 되지 않을까? 굿은 미래 인류의 존망은 인간이 만든 첫 초지능 기계가 인간에게 우호적인가 적대적인가에 달려 있다고 상상했다.

초지능 기계가 인류를 위협하는 상상은 영화와 소설에서 자주 등장한다. 영화 〈2001 스페이스 오디세이〉에는 인간에게 적대감을 가진 'HAL'이라는 인공지능 컴퓨터가 등장한다. 비록 영화의

한 장면이었지만 "데이브, 미안하지만 그것은 할 수 없어요"라는 HAL의 대사는 지능을 가진 컴퓨터가 인간의 명령을 거부한 첫 사례였다. 영화 〈터미네이터〉에서는 핵무기를 통제하기 위해 만든 인공지능이 초지능으로 변하면서 기계가 인류를 지배하는 미래 사회를 설정한다. 이런 미래 사회에서 지도자를 중심으로 사람들이 기계에 반기를 드는 상황이 발생하자 기계 군단이 지도자를 임신한 엄마를 죽이기 위해 킬러 로봇 터미네이터를 과거 지구로 보낸다. 영화 〈매트릭스〉는 인간과 초지능 기계 사이의 전쟁을 소재로 했다.

초지능에 대한 철학적 고찰

초지능은 기계의 지능이 인간의 지능을 초월하는 기술적 특이점technological singularity이란 개념과 흡사하다. 이 개념은 《특이점이 온다Singularity Is Near》의 저자인 레이 커즈와일Ray Kurzweil의 이름과 붙어 다닌다. 사실 특이점이라는 개념을 처음으로 쓴 사람은 폰 노이만이었다. 폰 노이만의 친구인 스타니스와프 울람Stanislaw Ulam에 따르면, 폰 노이만은 지금처럼 빠른 기술적 진보로 도달하게 되는 특이점 이후에는 인간 역사가 종언을 고할 것이라고 예견했다.

수학자이자 SF 작가인 버너 빙이Vernor Vingy는 초지능과 특이점을 관련지어 분석했다. 그는 1993년 〈도래하는 기술적 특이점: 어떻게 포스트휴먼 시대에 살아남을 것인가The Coming Technological Singularity: How to Survive in the Post-Human Era〉라는 논문에서, 앞으로 30년 안에 기계의 지능이 인간의 지능을 초월함으로써 초인적 지능superhuman intelligence이 탄생하게 되고, 그 결과 인류가 멸망하거나 기계의 부속품 같은 역할만을 하게 될지도 모른다고 주장했다. 그리고 이런 초인적 인공지능 기계를 공간적으로 가두거나(이를 '인공지능 상자'라고 한다), 그 기능을 감소시키거나, 아시모프 식으로 인공지능 기계에 몇 가지 규범을 부여하거나 하는 시도는 성공하지 못할 것이라고 주장했다. 이 문제에 해법이 있을까? 빙이는 "너보다 뛰어난 존재에게는 하지 않을 일을 너보다 열등한 존재에게 하지 말라"는 추상적인 메타 룰meta-rule 같은 것을 초지능에게 심어주는 것이 유일한 해법이라고 생각했다.

인공지능 연구자 엘리저 유드코프스키Eliezer Yudkowsky는 빙이의 생각을 심각하게 받아들였다. 유드코프스키는 대학은커녕 고등학교도 졸업하지 못했지만, 인공지능을 독학한 뒤 인공지능 연구자들 사이에서 인정을 받았다. 유드코프스키는 빙이의 논리를 발전시켜서 2008년에 인간의 가치를 존중하는 인공지능인 '우호적

보스트롬.

보스트롬이 쓴 《초지능》의 표지.

인 인공지능Friendly AI'이라는 개념을 만들었다. 그의 친구인 옥스퍼드 대학교의 철학자 닉 보스트롬Nick Bostrom은 유드코프스키의 엔지니어링을 철학적인 용어로 바꿔서 《초지능-경로, 위험, 전략Superintelligence: Paths, Dangers, Strategies》(2014)을 출간했다. 최근 몇 년 사이에는 빌 게이츠, 스티븐 호킹, 엘론 머스크 같은 유명 인사들이 미래에 인공지능이 인류의 위협이 될 수 있음을 역설하기도 했다. 엘론 머스크는 인공지능이 원자탄보다 더 위험한 존재라고 하면서 이 위험을 줄이기 위해 사재를 출연해서 '오픈AI'라는 연구소를 설립했다. 이들은 모두 초지능에 대한 보스트롬의 저술을 읽고 공감한 사람들이었다.

초지능,
효율과 가치의 문제

보스트롬은 현재 개발한 인공지능이 인간의 일반 지능에 한참 못 미친다는 사실에 동의한다. 알파고는 이세돌을 이겼지만, 바둑판 모양을 조금만 바꿔도 맥을 못 춘다. 그렇지만 미래의 초지능은 우월한 연산 속도, 내부 통신 속도, 연산 요소들의 수, 메모리, 신뢰성과 수명, 수정 능력, 복제성, 목표 조정, 기억 공유, 새로운 모듈 탑재 능력을 이용해 기존에 인간이 축적한 지식을 빠르게 익히고, 이를 조합해 새로운 지식 역시 빠른 속도로 만들어낼 수 있다는 것이 그의 판단이다. 이런 초지능은 자신의 뛰어난 지능으로 지능 증폭, 전략 수립, 사회적 조정, 해킹, 기술 연구를 수행할 것이며, 합법적·비합법적 금융망을 장악해서 순식간에 엄청난 경제적 생산력과 부를 축적하고, 이를 미끼로 자신을 지지하는 인간들을 포섭할 것이다.

초지능이 자의식을 가진, 유기체와 비슷한 존재라면 초지능도 삶의 목표나 가치 같은 게 있지 않을까? 초지능 AI의 가장 중요한 목표는 자기를 보호하고 유지하는 것이다. 보스트롬에 따르면, 인간과 달리 초지능은 음식, 공기, 온도, 신체적 손상, 질병, 포식, 섹스, 자손 등에 무관심하며, 음악, 유머, 로맨스, 자연, 전통, 춤,

대화, 철학, 문학, 모험, 발전, 우정, 영성 같은 가치를 동반하는 활동에도 아무런 흥미를 느끼지 못한다. 초지능은 모든 결정의 효용을 최대화하는 방식으로 작동하기 때문에, 인간을 행복하게 해달라고 요청하면 모든 인간의 두뇌에 전기봉을 꽂아 행복을 느끼는 뇌 영역을 자극하는 방법을 택할 수도 있다. 클립clip을 효율적으로 만들어달라고 하면, 인간을 죽이고 인간 몸속에 있는 철분을 이용할 수도 있다. 아니, 전 우주를 클립 만드는 자원으로 사용할 수도 있다. 초지능은 자신의 보존을 위해서라면 지구상의 모든 생명체의 목숨을 앗아갈 수도, 인간을 대신할 로봇을 만들어 일을 시키는 결정을 할 수도 있다.

초지능 AI는 한 기업이나 국가의 힘과 비교되지 않을 만큼 어마어마한 역량을 가지고 있다. 그런데 이 역시 기계이기 때문에 가두거나 전원을 차단할 수 있지 않을까? 보스트롬은 지금은 누구도 전 세계의 인터넷을 가두거나 중단할 수 없듯이, 이런 대응이 통할 수 없다고 전망한다. 초지능은 아마 어느 단계에서 클라우드cloud 컴퓨팅 비슷한 상태로 존재할 것이기 때문이다. 그렇다면 인공지능의 발전 속도를 예의 주시하고 있다가 인공지능이 초지능으로 발전하려고 할 때 인간이 이 연구를 중단할 수 있지 않을까? 보스트롬은 이 역시 불가능하다고 본다. 초지능이 자신을 지키기 위해 인간을 기만할 가능성이 크기 때문이다.

영화 〈엑스 마키나〉의 인공지능 에이바(가운데)는 자신을 만든 네이든(왼쪽)과 튜링 테스트를 하러 온 엔지니어 칼렙(오른쪽)을 속이고 네이든의 연구소를 탈출해 세상 밖으로 나간다.

알렉스 가랜드Alex Garland 감독의 영화 〈엑스 마키나Ex Machina〉(2015)에서 인공지능 에이바는 사람을 교묘하게 속이고 밀폐된 공간에서 탈출한다. 초지능을 만든 엔지니어 네이든과 그 피조물인 에이바가 생활하는 네이든의 저택은 외부와 완전히 차단되어 있다. 지리적으로 고립된 곳에 위치한 이 저택은 통신도 안 된다. 전기는 자가 발전을 사용한다. 이는 인공지능을 물리적으로 가두는 '인공지능 상자'의 한 사례라고 볼 수 있다. 그렇지만 영화에서 인공지능 에이바는 인간들을 교묘하게 속여 이 상자에서 탈출한다. 영화에서 이런 반전이 가능했던 것은, 그 발명자조차 인공지능이 사람을 속인다는 사실을 눈치 채지 못했기 때문이다.

초지능은 점점 그 지능이 높아지면서 인간이 자신보다 더 똑똑한 존재에 두려움을 느낀다는 사실을 알 수 있기 때문에, 자신의 능력이 인간을 훨씬 더 뛰어넘었다는 것을 감추는 전략을 택하다가 어느 시점에 갑자기 힘을 발휘하는 '반역적인 전환'을 꾀할 가능성이 높다. 간단히 말해서, 자신이 이미 초지능의 단계에 들어갔음에도 불구하고 평범한 인공지능인 척함으로써 인간을 안심시키는 한편, 몰래 자신의 힘과 동조 세력을 키운다는 얘기다.

결국 이런 방법이 통하지 않는다면, 유일하게 남은 방법은 인공지능에 인간의 가치를 부여하는 방법이다. 아이작 아시모프Isaac Asimov가 제시한 '로봇의 세 가지 법칙'은 효과적이지 못하다. 이런 법칙을 코드화하기도 쉽지 않을 뿐만 아니라 초지능 AI가 자신을 보존하기보다 인간을 위하는 가치를 더 상위에 둘 이유가 없기 때문이다. 결국 보스트롬이 보기에 가능한 방법은 '가치학습'뿐이다. 이는 인공지능이 스스로 적절한 가치 체계를 발견하도록 하는 간접적 발견법이다. 즉, 초지능 AI가 인간이 추구하는 가치를 스스로 학습하는 방법이다. 이런 '가치의 정렬'을 통해 초지능은 인간이 지닌 가치를 높게 평가하게 되고, 인간과 호혜적인 관계를 맺고 살아갈 수 있다는 것이 그의 해법이다.

초지능의 불확실성과 시급한 문제들

앞으로 수십 년 안에 초지능 AI가 등장하고, 이것이 인류의 존망이 걸린 가장 시급한 문제임이 증명될 것인가? 초지능의 도래에 찬성하는 사람이나 반대하는 사람들 모두 초지능의 가능성을 논리로도, 확률로도 드러내기 힘들다는 데 동의한다. 미래의 인공지능은 지금의 인공지능보다 더 발전하겠지만, 그것이 연산, 결정, 번역, 의료, 법률 분야에서 사용되는 개별적인 인공지능이 더 특화되어 발전하는 식으로 나타날지, 아니면 인간과 같은 일반 지능을 가진 존재로 나타날지 예측할 수 없다. 설령 일반 지능을 가진 인공지능이 나타난다 하더라도 이것이 초지능 AI로 진화할지, 인간에게 우호적일지 적대적일지도 알 수 없다. 모든 면에서 인간을 훨씬 뛰어넘는 초지능의 양태를 인간의 지능으로 가늠할 수 없다는 것이다.

초지능을 비판적으로 보는 사람들은 초지능의 위협을 주장하는 사람들이 생각하는 지능의 개념이 너무 협소하다고 지적한다. 더 빠른 컴퓨터가 만들어진다고 더 지능이 높은 인공지능이 생기는 게 아니라는 것이다. 비판자들은 인간보다 모든 부분에서 똑똑한 초지능이 너무나 단순한 동기를 가지고 있다는 점도 되짚어 봐야 할 점이라고 한다. 모든 부분에서 똑똑한 초지능은 인간만큼 복잡한 동기들을 가지고 그중에 최선을 선택하려고 해야 정상이라는 것이다. 또 인간이 인간보다 지능이 낮은 존재를 마음대로 통제할 수 없듯이, 설령 초지능이 생겨서 인간을 통제하려고 해도 마음대로 되지 않을 것이라는 비판도 있다. 초지능의 등장을 증명할 수 없듯이, 이를 논박하는 것도 불가능하다.

그렇다면 이는 철학이나 과학의 문제가 아니라 신념의 문제라고 볼 수 있다. 신의 존재를 증명할 수 없지만 신이 있을 가능성에 대비해 매일 기도를 했다는 어떤 철학자의 마음과 비슷할 것이다. 초지능에 대한 연구는 실리콘 밸리에 있는 기계지능연구소 Machine Intelligence Research Institute, 보스트롬이 있는 옥스퍼드 대학교의 인류미래 연구소Future of Humanity Institute, MIT 천체 물리학자 막스 테그마크Max Tegmark와 스카이프Skype 창업자 얀 탈린Jann Tallinn이 세운 미래의 삶 연구소Future of Life Institute 등에서 연구 중이다. 이들은 매년 특이점 서밋Singularity Summit을 열어 인공지능이 가져올 위협을 홍보하고 있다. 국내에는 서울대학교에 초지능연구소가 있는데, 이름과는 달리 초지능에 관한 연구를 하기보다는 주로 일반 기계학습에 관해 연구하고 있다.

누가 이런 연구를 후원하는 것일까? 캐나다에서 과학과 사회의 관계를 연구하는 바트 사이먼Bart Simon은 상온 핵융합cold fusion 연구를 예로 들어 '언데드 사이언스undead science'라는 개념을 제시했다. 과학자 공동체는 이미 오래전에 상온 핵융합이 사이비라고 결론을 내렸지만, 아직도 전 세계적으로 이 연구를 하는 그룹이 꽤 많고, 이들이 과학재단에서 연구비를 지원받는다는 것이다. 이미 '사이비 과학pseudoscience'이라고 판명된 연구를 왜 지원하는

가? 이 연구는 크게 돈이 필요하지 않지만, 만에 하나 실현되면 지구의 에너지 문제를 단숨에 해결할 가능성이 있는 연구이기 때문이다. 즉, 연구가 실현되었을 때의 유용성에 비추어보면 지금 들어가는 연구비는 푼돈에 불과하다는 얘기다. 초지능 연구에 대한 지원도 이와 흡사하다고 생각할 수 있다.

이런 상황을 종합적으로 고려해보면, 인공지능과 인간의 관계, 인공지능과 사회의 관계에 관심을 가지는 연구자들이 언데드 사이언스와 비슷한 초지능 문제에 지나치게 많은 관심을 두는 것은 바람직하지 않다고 볼 수 있다. 이런 먼 미래의 문제 때문에 당장 시급한 문제를 간과해선 안 되기 때문이다. 인공지능의 발달은 잡 마켓job market을 요동치게 하고, 단순 육체노동이나 단순 정신노동이 필요한 일자리를 사라지게 하고, 우리 사회의 계층 격차를 더 심화할 수 있다. 인공지능에 사용되는 빅데이터는 사회의 여러 편견을 내포하고 있으며, 인공지능이 이를 사용해서 내리는 결정은 이런 편견을 강화하고 영속화할 위험이 있다. 이를 막기 위해서는 인공지능의 발전과 사용에 대한 주의 깊은 경계, 인공지능 기술의 투명성 확보, 인공지능의 사회적 사용 방향을 결정하고 이를 모니터링하는 형태의 시민참여를 실험해야 한다. 이것이 지금 우리에게 인공지능과 공생할 미래를 위해 필요한 윤리적 실천이다.

인터메조

휴머니즘에 대한 비판에서 포스트휴머니즘으로

휴머니즘에 대한 비판은 19세기에 등장했다. 가장 잘 알려진 사상가는 독일의 철학자 프리드리히 니체Friedrich Nietzsche이다. 그는 휴머니즘 전통이나 휴머니즘에서 강조하는 인간의 권리라는 개념이 기독교에 의한 인간 지배의 또 다른 면에 불과하다고 비판했다. 그에게 이런 관념은 약자의 생각, 노예의 생각, 패거리의 생각을 포장한 것에 다름 아니었다. 사실 니체가 비판했던 나약한 인간은 육체적으로 나약한 인간이 아니라, 이성만이 고도로 발달한 인간이었다. 데카르트와 뉴턴 시대에는 우주를 꿰뚫는 지성으로 평가되었던 인간의 이성이 니체에 와서는 나약한 인간의 속성이 되었다. 니체는 인간이 이성뿐만 아니라 동물성이나 야수성을 가져야 한다고 주장했다. '권력에의 의지'를 가진 존재 혹은 자신의 한계를 끊임없이 뛰어넘으려고 하는 '초인' 같은 존재가 니체가 꿈꾼 이상적인 인간이었다.

인간의 한계를 뛰어넘는 초인을 꿈꿨다는 점에서 니체를 초기 트랜스휴머니스트라고 평가하는 사람들도 있다. 그렇지만 니체가 꿈꾼 것은 과학기술의 발전으로 인간이 새로운 능력이나 외모를 갖게 되는 세상이 아니었다. 니체는 사람들에게 우리의 내면에 존재하지만 이성에 의해 억눌린 인간의 또 다른 본성, 즉 야수성을 발견해서 드러내라고 촉구했다. 인간 이성의 문제점과 한계를 지적하고, 인간성과 동물성의 관계를 새로운 차원으로 확장했다는 점에서 니체는 트랜스휴머니즘보다는 포스트휴머니즘의 전통에 더 가깝다고 할 수 있다.

이와는 좀 다른 의미에서, 카를 마르크스Karl Marx는 인간의 보편적 권리라는 휴머니즘의 핵심이 자본주의 이데올로기일 뿐이라고 비판했다. 그는 개인의 권리가 자본주의 사회에서 경쟁이나 탐욕 등을 정당화했는데, 경쟁이나 탐욕은 인간의 본성이 아니라 자본주의에 의해 만들어진 이데올로기라고 한 것이다. 그는 자본주의가 아닌 사회주의 세상에서 인간은 타인, 공동체, 자연과 새로운 관계를 맺을 수 있다고 보았다. 자연과 새로운 관계를 맺기 때문에 사회주의 세상에서는 새로운 기술과 과학도 가능한 것이다. 비록 실패로 끝났지만, 러시아혁명을 주도했던 혁명가들은 사회주의 세상에서 새로운 인간성과 과학기술이 만들어질 것이라고 생각하고 이를 위해 노력했다.

20세기 초 마르틴 하이데거는 박제된 휴머니즘에 대해 강력하게 비판했다. 그는 에드문트 후설 밑에서 현상학을 공부했지만 곧 후설과 지적으로 결별하고, 존재에 대한 자신의 철학을 발전시키는 과정에서 존재란 무엇인가를 묻는 존재자인 인간에게 관심을 돌렸다. 하이데거는 이런 인간을 현존재라고 불렀는데, 그가 파악한 현존재의 가장 중요한 특성은 세상에 던져져 있다는 점이었다. 즉, 자유의지를 가진 인간인 내가 선택할 수 있는 것도 있지만, 그렇지 않은 것도 많은 채로 살아간다는 것이다. 인간은 아무리 노력을 해도 처음 배운 언어, 교육, 관습, 문화, 도덕규범 등에서 벗어나기 힘들다. 팔을 휘저어봐도 인간인 내가 날 수 없는 것과 비슷하다. 베이컨은 열심히 노력하면 종족의 우상, 동굴의 우상, 시장의 우상, 극장의 우상을 극복해서 참된 진리를 얻을 수 있다고 봤지만, 하이데거는 인간이라는 현존재가 본래 맺고 있는 관계를 모두 끊지 않는 한 이런 진리를 얻는 것은 불가능하다고 보았다. 데카르트가 믿었던 이성은 불완전한 것이 되었고, 현존재로서의 나는 세상과 관계를 맺는 존재가 되었다. 무엇보다 이성에 대한 과도한 신뢰를 거두는 작업이 휴머니즘의 문제를 극복하는 시작이었다면 하이데거는 이를 바탕으로 새로운 철학적 전통을 세운 사람이었다.

그렇다면 우리는 세상과 어떤 새로운 관계를 맺어야 하는가? 데카르트의 이성에 대한 비판은 예리했지만, 하이데거는 인간과 세상의 새로운 관계를 구체적으로 제시해주지는 못했던 것 같다. 하이데거는 기술이 인간과 세상의 관계를 황폐화한다고 비판했다. 이는 기술을 중립적으로 본 기존 철학적 관점에서 한 단계 발전한 것이지만, 모든 기술이 인간과 세상의 관계를 피폐하게 만든다는 본질주의에서 벗어나지 못한 생각이었다. 또 하이데거는 근대 과학이 기술에 종속되는 것을 지적했을 뿐, 과학적 지식의 가능성과 한계를 구체적으로 드러내지는 못했다. 그는 인간만이 항상 죽음을 생각하고 자신의 존재에 대해 질문을 던지는 현존재인 데 반해 동물은 그렇지 않다고 하면서, 인간과 동물을 확연히 구별했다.

하이데거는 이성의 한계를 지적하고, 철학은 이성을 가진 고독한 개인이 아니라 세계 속의 관계적 존재인 인간에게 관심을 돌려야 한다고 주장했다. 이런 철학적 주장은 포스트모더니즘 감수성의 중요한 요소를 포함하고 있었다. 하지만 그는 여전히 철학의 영역, 특히 형이상학에 머물러 있어 한계를 가질 수밖에 없었다. 하이데거는 본질을 논하는 전통적인 형이상학에 대해 비판적이었지만, 과학과 기술에 대해서는 본질주의적인 철학적 태도를 견지했다. 그는 이성적 존재가 아닌 현존재로서의 인간에 대해 논하면서 동물과 인간 사이에 거대한 벽을 세웠고, 기계문명에 비관적이었다.

하이데거의 한계는 이후 생물학과 동물행동학, 과학사와 과학철학, 기술철학, 2차 사이버네틱스, 가이아 이론 등에 의해 극복되었다. 이런 이질적인 조류들이 모여서 포스트휴머니즘 감수성을 이루었던 것이다. 즉, 포스트휴머니즘은 철학이나 형이상학이라는 하나의 전통이 아니라, 철학을 비롯한 생물학, 과학사, 엔지니어링, 사이버네틱스, 지구과학, 과학기술학Science and Technology

Studies, STS 분야에서 성과가 나오고, 이 성과들에 담긴 실마리들이 서로 만나 영향을 주고받고, 좀 더 큰 물줄기가 되어 만나고, 마침내 하나의 커다란 조류를 형성하면서 가시화된 것이다. 따라서 지금의 포스트휴머니즘을 자세히 들여다보면 이런 다양한 흐름 각각을 분별해볼 수도 있다. 이런 다양성은 포스트휴머니즘의 약점이 아니라, 오히려 포스트휴머니즘이 이 다채로운 세상의 이질적인 존재들에 대한 배려와 애정을 계발하고 공유하는 데 적합한 감수성임을 대변해준다.

이제부터는 개별 과학과 철학 분야에서 포스트휴머니즘 감수성이라고 부르는 하나의 물줄기를 만드는 데 기여한 사람들이 누구인지, 이들이 어떤 관계를 맺었는지, 어떤 질문을 던지고 공유했는지, 어떤 고민의 과정을 거쳐서 어떤 답을 얻었는지, 그 여정을 따라가 보겠다.

2 부

포 스 트 휴 머 니 즘

9장

성찰적인 사이버네틱스, 자기 생성 개념으로 이어지다

1968년은 혁명의 해였다. 프랑스 파리에서는 '68혁명'의 물결이 거리를 휩쓸었다. 학생들은 "금지하는 것을 금지하라", "따분한 것은 못 참아", "상상력에 권력을" 같은 구호를 외치며 거리를 점령했다. 저항의 강도는 덜했지만 런던과 베를린에서도 젊은이들이 구호를 외쳤고, 미국에서는 대학생들이 베트남전 참전에 격렬하게 반대했다. 미국 대학생들은 베트남전을 지원하는 과학 연구를 보이콧하고 기존의 전쟁 연구를 수행하던 대학 연구소들과 교수들을 비판했다.

칠레에서는 1968년 살바도르 아옌데Salvador Allende를 지지하는 '독자민중행동'이라는 정당이 창설되고, 군사정권을 몰아내려는 사회운동이 일어났다. 사회주의자 아옌데는 1970년 국민투표로 선출된 칠레의 첫 좌파 정권의 대통령이 되었다. 칠레는 평화적인 방법으로 사회주의 국가를 설립한 첫 번째 사례였다.

1968년,
혁명의 해

비슷한 시기에 사이버네틱스에서도 혁명이 있었고, 이 혁명은 미국과 칠레에서 거의 동시에 일어났다. 1968년 미국 사이버네틱스 학회에서 강연을 하던 마거릿 미드는 타성에 젖어가던 학회의 모습을 비판하고, 사이버네틱스의 방법론을 사이버네틱스 학회에도 적용해야 한다는 얘기로 강연을 마쳤다. 이 강연의 제목은 '사이버네틱스의 사이버네틱스'였다.

사이버네틱스 연구자들은 사이버네틱스의 방법론을 사회, 정부, 공장, 회사 같은 조직과 자동화된 로봇 같은 인공물을 분석하는 데 도입했다. 사이버네틱스라는 방법론을 사용해서 얻어진 결과들은 객관적·과학적이라고 여겨졌다. 하지만 사이버네틱스 연구자들은 이런 방법론을 자신들을 분석하는 데 사용해본 적은 없었다. 사이버네틱스를 사이버네틱스에 적용하면 어떤 결과가 나올까? 사이버네틱스도 사이버네틱스의 방법론으로 분석 가능하다면, 그동안 사이버네틱스를 사용해 사회, 정부, 공장, 회사를 분석한 결과들을 신뢰할 수 있을까?

1976년 미드와 그녀의 남편 베이트슨이 인터뷰를 하면서 그린 그림은 1968년 미드가 직면했던 딜레마를 잘 보여준다. 엔지니어

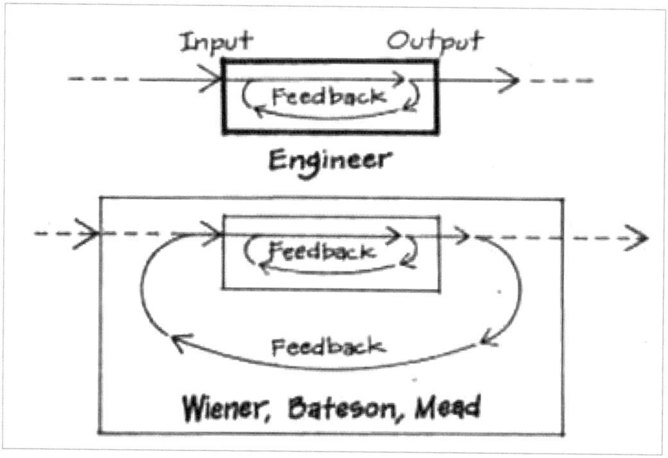

관찰자가 시스템의 일부인 사이버네티틱 체계. 1974년 미드와 함께 인터뷰를 하던 미드의 남편 베이트슨이 그린 것이다.

들은 보통 피드백 회로가 작동하는 대상을 그 외부에서 분석하며, 자신들의 분석이 대상에 대한 객관적인 지식이라고 생각한다(그림의 윗부분). 그런데 만약 (그림의 아랫부분처럼) 연구자가 또 다른 피드백 회로에 들어 있다면? 피드백 회로에 들어 있는 자신이 어떻게 다른 피드백 회로를 객관적으로 분석할 수 있을까? 대상을 분석하기 전에 자신부터, 즉 자신이 속한 피드백 회로부터 분석해야 하지 않을까? 그런데 이를 분석하기 위해 사용하는 사이버네틱스의 방법이 또 다른 피드백 회로를 내포한 것이라면? 하나의 피드백 회로를 분석하기 위해 자신의 피드백 회로를 분석해야 하고, 이를 분석하기 위해 또 다른 피드백 회로를 사용해야 하는데 이것을 다른 피드백 회로를 사용해 분석해야 하고, 이를 분석하기 위해 또 다른……. 사이버네틱스의 방법을 사용해 사이버네틱스를 분석하는 것은 단순히 하나의 루프loop를 더하는 결과가 아니라 무한대의 치명적인 악순환을 낳는 것처럼 보였다.

미드는 열어서는 안 되는 문을 열어버린 셈이었다. 사이버네틱스를 사이버네틱스에 적용하는 순간, 세상은 무한대의 피드백 회로가 중첩된 것이 되기 때문이다. 이런 회로는 분석 자체를 거부하는 것 같았다. 마치 거울이 거울을 비추는 거울을 비추는 거울을 비추는…… 거울 방처럼. 이런 세상에서 '객관적인 지식'은 어떻게 가능할까?

하인츠 폰 푀르스터: 사이버네틱 인식론에서 윤리학으로

하인츠 폰 푀르스터Heinz von Foerster는 1911년 빈에서 태어나 당시 빈을 휩쓸던 여성운동의 영향을 흠뻑 받으면서 성장했다. 수학과 철학을 공부했고, 미술과 비트겐슈타인을 좋아했던 청년 폰 푀르스터는 기억memory에 대한 자신의 양자역학적 이론을 적은 짧은 책 한 권만을 들고 1949년 미국으로 건너갔다. 이후 그는 마치 자신이 좋아했던 마술과 같은 인연의 연쇄반응을 통해 사이버네틱스 그룹의 일원이자 메이시 학회 회원인 워런 맥컬럭과 연결되었다. 그는 맥컬럭을 통해 사이버네틱스를 연구하던 메이시 학회에서 발표할 기회를 얻었다. 그의 흥미로운 발표를 들은 노버트 위너와 동료들은 폰 푀르스터를 적극적으로 환영했다. 심지어 그들은 폰 푀르스터의 서툰 영어 실력을 높이기 위해 그에게 메이시 학회의 논의 내용을 정리하고 편집하는 일을 맡겼다. 이렇게 빈 출신의 청년 폰 푀르스터는 사이버네틱스라는 부상하는 학문과 연결되었다.

사이버네틱스 그룹에서 뛰어난 능력을 보여준 폰 푀르스터는 곧 일리노이 공과대학교 교수가 되었고, 그곳의 '생물 컴퓨터 실험Biological Computer Laboratory'에서 주로 인지, 컴퓨팅, 생명의 문제에 사이버네틱스의 방법론과 통찰을 적용하는 연구를 했다. 그가 관심을 가졌던 문제는 무질서로부터 생명체 같은 질서나 안정적인 구조가 어떻게 만들어질 수 있는가를 사이버네틱스를 통해 이해하는 것이었다. 그는 생명체와 같이 자기 완결적인 구조를 '자기 조직화self-organization' 혹은 '자기 조직 체계self-organizational system'라고 명명했고, 1960년과 1962년에 이 주제로 학회를 열기도 했다. 폰 푀르스터는 진정한 자기 조직 체계는 관찰자가 만든 모델의 예측을 뛰어넘는 방식으로 작동하기 때문에 예측할 수 없다고 주장했다. 관찰자는 여기에 여러 제약 조건을 부과함으로써 이 시스템을 예측 가능한 것으로 만들 수 있지만, 그는 이럴 경우 시스템 자체가 '시시한' 것이 된다고 생각했다.

폰 푀르스터는 '자기 조직'에 대한 관심을 확장해 '자기 지시 체계self-referential system'라는 개념을 고안해내고 학회를 조직하기도 했다. '자기 지시'라는 개념은 주로 언어나 논리학에서 역설을 지칭했는데("모든 크레타인은 거짓말쟁이다" 같은 유명한 역설*이 이런 사례다), 이런 역설을 논리학의 특별한 경우라고 평가하는 사람들과 달리 폰 푀르스터는 이 역설이 시사하는 바가 많다고 생각했다. 예를 들어, 그는 자기 지시의 역설이 우리가 뇌를 사용해 만든 뇌에 대한 이론이나 모델이 어떻게 '참'일 수 있는가 하는 문제와 직결된다고 생각했다.

폰 푀르스터는 이런 철학적인 문제에 대해 동료들과 오랫동안 토론했다. 토론의 핵심은 성찰성reflexivity이었다. 성찰성에 따르면 세상을 분석하는 '나' 자신도 '나'의 분석 대상에 포함시켜야 했다. 보통 자연과학에서는 이런 성찰성을 생략했는데, 폰 푀르스터

* 크레타인인 내가 "모든 크레타인은 거짓말쟁이다"라고 한다고 가정해보자. 모든 크레타인이 거짓말쟁이면 나도 거짓말쟁이고, 따라서 내가 한 "모든 크레타인은 거짓말쟁이다"라는 말도 거짓말이 된다.

는 부분과 전체의 관계를 다루는 사이버네틱스에서는 이를 생략할 수 없다고 생각했다. 그는 자신의 고민이 1940~1950년대의 사이버네틱스와는 다르다는 것을 알게 되었다. 기존 사이버네틱스가 '관찰된 체계observed system'에 대한 사이버네틱스라면, 자신의 사이버네틱스는 관찰자가 포함된 '관찰하는 체계observing system'에 대한 사이버네틱스였기 때문이다. 1974년 폰 푀르스터는 자신의 사이버네틱스를 '2차 사이버네틱스Second-Order Cybernetics'라고 명명했다. 이는 미드가 제안했던 '사이버네틱스의 사이버네틱스'와 거의 흡사했다.

과학은 대상을 나누고 쪼갠 뒤 남은 작은 부분에 대해 연구한다. 대부분의 과학에서는 분석 대상에서 관찰자를 배제해도 큰 문제가 생기지 않는다. 그렇지만 자기 조직적 체계를 분석하는 사이버네틱스에서는 관찰자가 개입해 이 체계의 일부를 이룬다. 폰 푀르스터는 관찰자의 개입 과정이 '우리가 실재reality라고 부르는 것'을 만들어내는 과정이라고 생각했다. 즉, 실재는 외부 세상에 독립적으로 존재하는 것이 아니라, 우리의 관찰과 인식의 구성물이라는 것이었다. 따라서 이렇게 보면 인간 밖에 객관적으로 존재하는 세계에 대한 '진리'는 존재한다고 말하기 힘들었다. 내가 구성하는 실재와 다른 사람이 구성하는 실재가 꼭 같은 것이 아닐 수 있기 때문이다.

폰 푀르스터의 친구인 고든 패스크가 그린 모자를 쓴 사나이. 우리 머릿속에는 비슷하면서도 조금 다른 방식으로 세상을 보는 사람들이 존재한다.

그렇다면 우리는 타인을 어떻게 이해할 수 있을까? 우리는 말벌에 쏘인 적이 없어도 말벌에 쏘이면 굉장히 아프다는 사실을 알고 있어서 벌에 쏘인 사람을 위로할 수 있다. 폰 푀르스터는 우리 모두가 '나'를 보는 타인을 통해 '나'와 세상을 보는 존재라고 생각했다. 세상에 대해 어느 정도 확실성을 갖는 것은 나와 다른 사람들 사이의 이런 관계망이 촘촘하게 얽혀 있기 때문이지, '나'의 감각이나 인식이 확고한 진리를 발견해서가 아니라는 것이다. 따라서 2차 사이버네틱스에서 실재는 다름 아닌 공동체가 된다.

이런 공동체가 있기 때문에 세상에 대해 어느 정도 확실성을 가질 수 있다는 것이다.

폰 푀르스터에 따르면 절대적으로 확실한 지식, 즉 진리라는 개념은 편을 가르고, 상대를 물어뜯고, 인간성의 통일을 파괴하며, 전쟁을 유발하는 것이다. 그것은 상대를 거짓말쟁이로 만드는 거짓말쟁이의 무기다. 진리는 책임감을 앗아가는 방편이기도 하다. 사람들은 자신이 만든 치명적인 결과에 대해 그것이 '진리'이기 때문에 어쩔 수 없었다는 핑계를 대곤 한다. 모든 지식은 '내'가 만든 것이므로, '내'가 책임을 져야 하는 것이었음에도 불구하고 말이다. '진리는 거짓말쟁이의 발명품이다'라는 폰 푀르스터의 책 제목은 그의 철학적 입장을 한 문장으로 요약한 것이다.

우리가 믿을 수 있는 지식이 존재하는 이유는 내가 타인과 관계망으로 연결되어 있기 때문인데, 폰 푀르스터는 이러한 인식론이 "네 이웃을 사랑하라"는 고전적인 윤리적 명제와도 통하며, "타인에게서 기회를 빼앗지 말라"는 새로운 윤리적인 언명을 낳는다고도 주장했다. 타인의 기회를 빼앗는 것은 곧 그의 세상을 제한하거나 파괴하는 것을 의미하기 때문이다. 물론 이런 주장이 미국의 생물학자나 물리학자의 공동체로부터 환영받았던 것은 아니다. 미국의 과학자들 대부분은 그의 급진적인 인식론과 구성주의를 받아들이지 않았다. 아니, 이해하지 못했다고 볼 수 있다.

그렇지만 그의 사상은 미국이 아닌, 미국에서 8,000km 떨어진 '변방'에서 한 단계 더 발전했다. 그곳은 평화로운 방법으로 첫 번째 사회주의 정권을 세운 칠레였다.

칠레의 두 '혁명가': 움베르토 마투라나와 프란시스코 바렐라

움베르토 마투라나Humberto Maturana는 어렸을 때 결핵으로 고생을 했다. 대학에 들어간 뒤에도 결핵이 도져서 산속에 있는 요양원에서 온종일 침대에만 누워 지내야 했다. 이때 마투라나는 생명이란 무엇인지, 살아 있다는 것은 무엇인지에 대해 고민했다. 그는 몇 권의 책을 탐독했는데, 그중 진화학자 줄리안 헉슬리가 쓴 《진화: 근대적 종합》도 있었다. 이 책에서 헉슬리는 생명체의 본질은 환경 변화에 맞서서 환경으로부터 점차 독립적으로 살아가는 것이라고 주장했는데, 마투라나는 이 주장에 동의할 수 없었다. 만약에 생명이 그런 것이라면, 하루 내내 침대에 누워 있는 자신은 생명이라고 할 수 없었기 때문이다. 그는 진화, 성장, 적응, 재생산 등은 생명의 한 속성일 뿐, 생명의 본질이 아니라고 생각했다.

요양원에서 결핵이 완치된 뒤 마투라나는 칠레 대학교에서 생물학과 의학을 전공했다. 이후 그는 영국 런던 대학교에서 공부하고 하버드 대학교 대학원에 입학해 1958년 박사학위를 받았다. 그리고 MIT에서 박사후과정post-doc을 했는데, 이때 MIT의 교수이자 사이버네틱스 그룹의 일원이었던 제리 레트빈의 실험실에서 망막과 시신경에 대한 실험을 했다. 앞에서도 언급했지만, 이 연구에는 월터 피츠도 참여했다. 대부분의 실험은 마투라나가 했는데, 그는 개구리가 움직이지 않는 파리를 먹이로 인식하지 못한다고 보고했다. 개구리는 날아다니는 파리를 먹이로 간주해 잡아먹는데, 죽은 파리는 먹이로 인식하지 못한다는 것이었다. 이는 개구리가 보는 세상이 인간이 보는 세상과 전혀 다르며, 개구리의 망막에 비친 상이 뇌에 그대로 전달되는 것이 아니라는 사실을 시사했다.

마투라나는 국립 칠레 대학교 교수가 되어 귀국한 이후 다시 생명의 문제에 천착했다. 그는 자신의 경험과 연구를 바탕으로 생명체는 생명체 외부에 어떤 목적을 가진 존재가 아니라고 확신했다. 생명체의 특성 중 하나는 그것을 이루는 구성 요소들이 끊임없이 상호작용을 하는 것인데, 이런 상호작용은 외부에 어떤 기여를 하기 위해서가 아니라, 생명이라는 자기 자신을 만들어내기 위해 이루어진다는 의미다.

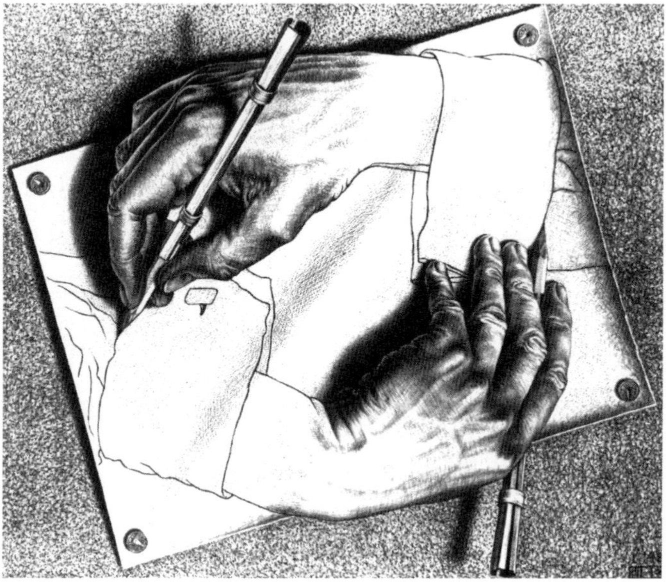

에셔의 〈자기를 그리는 손〉. 자기 지시성의 속성을 잘 보여주는 그림으로 자주 인용된다.

생명은 기본적으로 그 구성 요소들이 살아 있는 시스템을 만들어내기 위해 상호작용을 하는 닫힌 네트워크와 비슷했다. 다시 말하면, 생명체 안에서 상호작용하는 모든 구성 요소는 생명이라는 자신을 지시refer하는 것이라고 할 수 있다. 책에 비유하자면, 생명체는 독자를 위해 쓰인 소설책이 아니라, 자신에 대해 쓴 책과 같은 것이다. 화가 마우리츠 에셔Maurits Esher가 그린 손 그림처럼 생명은 스스로를 그리는 손이었다. 즉 생명이라는 것은, 폰 푀르스터가 강조했던 자기 지시 체계였던 것이다. 흥미로운 사실은 언어학이나 논리학에서 모순을 낳는 자기 지시성이 생명체를 규정하는 가장 중요한 특성이라는 것이다.

마투라나에게 생명체란 근본적으로 닫힌 체계 혹은 닫힌 네트워크와 비슷한 것이었다. 생명체에서 일어나는 모든 상호작용은 그 자체를 유지하기 위한 것이었기 때문이다. 외부 세상의 영향은 출력을 만들어내는 입력의 형태가 아니라, 생명체를 유지시키는 교란의 형태로 주어졌다. 즉, 생명은 입력을 알면 출력을 가늠할 수 있는 선형linear적인 기계가 아니었던 것이다.

그런데 이렇게 생각할 때 한 가지 문제가 발생했다. 우리는 우리 자신이 외부 세상과 밀접히 상호작용하면서 살아간다는 것을 알고 있다. 외부 세상은 내게 '인지'라는 것을 가능케 한다. 즉, 나는 세상을 인지하면서 살아가는데, 이런 인지는 감각적 경험을 통해 얻은 것이다. 외부와의 상호작용이 이렇게 필수적인데 어떻게 생명체를 자기를 지시하는 닫힌 체계라고 볼 수 있는가?

마투라나는 개구리의 시각에 대해 연구할 때 이미 개구리의 시각이 외부 세상에 대한 기계적 재현이 아니라는 것을 알고 있었다. 그는 칠레로 돌아와서도 동물의 시각에 대한 연구를 계속했는데, 아무리 연구를 해도 동물들이 색깔을 인식하는 현상에 대한 규칙성을 발견할 수 없었다. 예를 들어, 비둘기는 주파수 영역에서 푸른색에 해당하는 진짜 푸른색과 주파수 영역에서는 흰색이지만 푸른빛이 나는 '색무지개color shadow'에 똑같이 반응했다. 이런 실험 결과를 놓고 고민하던 마투라나는 우리가 색깔이라고 생각하는 것이 외부 자극에 대한 기계적 반응이 아니라, 우리의 뇌 신경망 속에서 이미 만들어진 인지라고 생각하게 되었다. 즉, 생명체의 인지가 외부 자극에 대한 수동적인 반응이 아니라, 생명체의 내부에서 환경에 대해 행하는enact 어떤 것이라는 생각에 도달했다.

당시 그는 젊은 연구자 프란시스코 바렐라Francisco Valera에게 자극을 받았다. 1966년 마투라나가 38세였을 때, 20세의 한 청년이 그의 연구실을 찾아왔다. 생물학을 공부하고 싶다고 하는 그에게 마투라나는 "네 인생에서 가장 갈망하는 한 가지가 무엇인가?"라고 물었다. 그는 서슴지 않고 "우주에서 생명의 힘의 의미를 연구하고 싶다"고 했다. 마투라나는 조금 생각하다가 "좋다. 제대로 찾아왔다. 우선, 개구리 눈에 대한 연구부터 하자"고 하면서 그를 학생으로 받았다. 이 젊은이가 바렐라였다. 바렐라는 칠레 대학교에서 1년 반을 수학하고 하버드 대학교에서 2년 만에 박사학위를 받았다. 그는 미국 유학 중에 1968년의 '68혁명'을 겪었다. 그와 같이 공부하던 미국 학생들은 10년 전의 쿠바혁명을 되뇌었고, 바렐라는 미국 대학가를 휩쓸던 혁명의 분위기에 한껏 고무되었다.

바렐라는 마투라나에게 없는 것을 가지고 있었는데, 그것은 바로 뛰어난 수학적 재능과 감각이었다. 바렐라는 마투라나가 얘기하는 모호한 개념들을 수학적으로 명료하게 정리해냈고, 마투라나는 바렐라와 생명의 본질에 대해 토론했다. 마투라나는 1969년 폰 푀르스터가 조직한 학회에서 생명의 본질이 자기 지시성이며 생명체의 인지 과정은 세상의 재현representation이 아니라는 내용의 논문을 발표했는데, 미국에서 공부하던 바렐라는 마투라나를 찾아와 발표 논문의 핵심 구절들 하나하나에 대해 깊게 토론했다.

생명에 대한 새로운 이해: 자기 생성

박사학위를 받은 바렐라는 1970년에 '새로운 과학을 하기 위해' 칠레로 귀국했다. 마투라나와 같은 대학의 교수가 된 그는 다시 생명의 본질에 대한 토론을 이어갔다. 마투라나는 폰 푀르스터의 자기 지시성이라는 개념이 전체를 부분보다 우선시하면서 부분을 전체에 종속시키는 것 같아서 생명의 본질을 표현하는 데 조금 부족하다고 생각했는데, 돈키호테를 연구하던 동료 인문학자의 도움으로 1971년 5월 '자기 생성autopoiesis' 개념을 만들어냈다.

어렵고 모호한 문제를 해결해가던 마투라나와 바렐라는 1971

년 겨울 동료에게 빌린 별장에 틀어박혀 자신들의 아이디어를 정리하기 시작했다. 이들은 산책과 사색을 하고, 소파에 앉아 토론을 하고, 글을 썼다. 그러고는 집필한 원고를 놓고 다시 토론하고, 또 산책과 사색을 하고, 집필을 하고 토론을 거쳐 원고를 수정하기를 반복했다. 1971년 12월 15일, 마투라나와 바렐라는 〈자기 생성: 살아 있는 체계에 대한 조직화Autopoiesis: The Organization of Living Systems〉라는 제목의 76쪽짜리 영문 원고를 완성했다. 18세의 나이 차이가 나는 두 연구자는 당시 칠레의 혁명적 분위기에서 생명에 대한 혁명적인 이론을 만들어냈던 것이다.

이들은 이 원고를 미국 유수의 대학출판사 여러 곳에 보냈지만 모두 거절당했다. 바렐라는 이 책을 우선 칠레에서 스페인어로 출판하기로 결심했다. 1973년 〈기계와 생명체에 대해서—자기 생성: 생명의 조직화De máquinas y seres vivos—Autopoiesis: La organización de lo vivo〉라는 제목으로 칠레에서 먼저 출판되었다. 이 책을 요약해서 쓴 논문 역시 《네이처Nature》나 《사이언스Science》로부터 번번이 퇴짜를 맞았다.

자기 생성 개념의 독창성을 알아본 사람은 폰 푀르스터였다. 1974년, 그는 자신의 영향력을 이용해 마투라나와 바렐라의 논문을 덜 알려진 학술지인 《바이오시스템스Biosystems》에 실릴 수 있게 했다. 이 둘이 처음에 썼던 영문 원고는 1980년 〈보스턴 과학

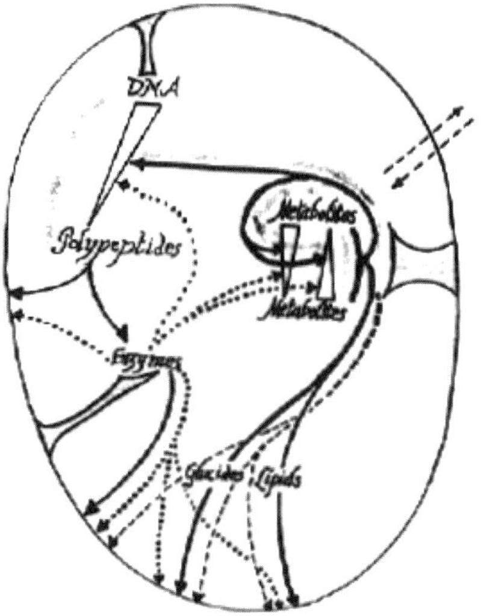

마투라나와 바렐라가 〈자기 생성〉에 그린 세포 그림. 세포는 자기 생성 체계, 즉 가장 기본적인 생명체다. 세포의 구성 요소들 사이의 상호작용은 세포막을 포함해 스스로를 만들어낸다.

철학Boston Studies in the Philosophy of Science〉 시리즈 중의 하나로 출판되었다. 〈보스턴 과학철학〉 시리즈의 편집자인 로버트 코언Robert Cohen과 마르크스 와토프스키Marx Wartosfky는 편집자 서문에서 "대담하고 천재적이며, 도발적이면서 수수께끼 같은 책이다"라며 "생명체는 우리가 무엇을 묘사하는 영역 밖에 존재하는 것으로 묘사되어야 한다는 역설적인 관점의 전환을 필요로 한다"고 평했다.

자기 생성 개념은 사이버네틱스에 그 근원을 두고 있었다고 보기 힘들 정도로 초기 위너의 사이버네틱스와 달랐다. 생명체와 기계 사이의 본질적인 유사성에 주목했던 위너의 사이버네틱스와 달리, 마투라나와 바렐라는 생명체만이 자기 생성을 한다고 생각했다. 기계나 살아 있지 않은 자연에서 볼 수 있는 최대의 복잡성은 자기 조직화에 따른 것이었다. 예를 들어, 결정이 보이는 규칙성은 자기 조직화의 사례이고, 세포에서 발견되는 질서는 자기 생성의 사례이다. 우주는 하나의 거대한 기계일지 모르지만, 20세기 초엽의 철학자 앙리 베르그송Henri Bergson이 얘기한 대로 "생명체는 우주라는 기계에 약간의 균열을 가져오는 것"이 되었다. 인지cognition 작용은 외부에 객관적으로 존재하는 세상이 우리의 뇌세포를 자극한 결과가 아니라, 몸을 가진 생명체가 외부 세상에 대해 실행하는 행위로 해석되었다. 게다가 인지 작용은 인간만이 아니라 자기 생성을 하는 모든 생명체의 공통적인 과정이었다. 이런 관점에서 마음과 육체 혹은 정신과 물질의 이분법은 자연스럽게 소멸되었다.

마투라나와 바렐라는 생명체와 관련해 두 가지 자기 생성 체계가 존재한다고 생각했다. 앞서 얘기했듯이, 하나는 세포였다. 세포는 모든 생명의 구성 단위로, 그 자체가 온전한 자기 생성 체계다. 두 번째는 나, 너, 우리 집 강아지, 벌, 개미 같은 생명체 개체다. 마투라나와 바렐라는 이 두 가지 자기 생성 체계 외에 생명체의 군집이나 인간 사회가 자기 생성 체계가 될 수 있는가에 대해

회의적이었지만, 독일의 사회학자 니클라스 루만Nicklas Luhmann은 마투라나와 바렐라의 자기 생성 개념을 사회에 적용했다.

루만에 따르면 사회란 사회를 구성하는 여러 하위 체계의 소통(상호작용)으로 특징 지워지는 것이며, 이 소통의 목적은 사회 자체를 유지하기 위한 데 있다. 생명체를 구성하는 요소들의 상호작용이 생명체를 만들기 위해서이듯, 사회 내의 여러 상호작용의 목적은 사회를 만들어내기 위함이라는 것이다. 루만의 사회 이론에서 가장 흥미로운 점은 사회에서 일어나는 소통의 주체가 인간이 아니라는 것이다. 소통을 하는 하위 체계는 법·정치·경제 체계 등이며, 이들 사이의 소통에는 법적·정치적·경제적·교육적·과학적·종교적·의학적 소통 등 수많은 소통의 양태가 존재한다. 이 모든 소통은 마치 생명체처럼 자기 생성을 위한 것이다. 루만의 사회 이론은 인간을 주체로 본 기존 사회 이론을 한 단계 뛰어넘었다고 평가된다.

2차 사이버네틱스, 아직 끝나지 않은 혁명

폰 푀르스터, 마투라나, 바렐라에 의해 출범한 2차 사이버네틱스는 위너, 맥컬럭, 피츠의 1차 사이버네틱스와는 달리 급진적인 세계관을 제시했다. 2차 사이버네틱스에 따르면 인간은 다른 모든 생명체와 마찬가지로 자기 생성 체계이며, 인간의 인지는 세상에 대한 반영이 아니라 인간 주체가 적극적으로 만들어낸 것이 되었다. 이렇게 인간과 다른 생명체를 구별 짓던 경계는 허물어졌다. 인간만이 세상에 대해 인지하는 것이 아니라, 단세포 생명체도, 까마귀도, 개구리도 세상에 대해 인지하는 존재이기 때문이다. 인간의 인지는 세상을 객관적으로 인식하는 특권에서 비롯된 것이 아니라, 인간의 육체를 가진 복잡한 한 자기 생성 체계가 외부 세계에 대해 행하는 작용이었다.

그에 따른 과학적 지식에 객관적이고 절대적 지식의 지위를 부여하는 것은 인간의 오만함을 드러내는 것에 불과했다. 지식은 모두 주관적인 것이었다. 그렇지만 이러한 주관주의가 도덕적인 상대주의를 낳는 것은 아니었다. 오히려 인지 과정에서 우리가 세상을 만들고 있다는 것을 이해하면, 환경 파괴는 곧 우리 스스로를 파괴하는 행위이므로 도덕적 측면에서 바람직하지 못한 것이 되었다. 다른 이들의 자유를 침범하는 것은 이들이 만들 수 있는 다양한 세상을 억누르는 것이기 때문에 비윤리적인 행동이 되었다. 편을 가르고 싸움을 부추기는 진리라는 개념 없이도 우리는 훨씬 더 서로를 소중하게 생각하는 윤리 원칙을 얻어낼 수 있었다. 인간에게 특권을 부여하지 않고도 인간의 책임을 강조할 수 있는 것이다.

1960~1970년대 칠레에서 일어난 지적 혁명은 새로운 세계관을 제시했으며, 이는 견고하게만 보였던 근대적 세계관에 균열을 가져왔다. 과학계 주류는 지식이 주관적이라는 생각, 진리라는 개념이 불필요하다는 생각, 생명체의 본질이 자기 생성이라는 생각을 받아들이지 않았지만, 자기 생성으로 대표되는 이 새로운 세계관은 인지과학, 심리학, 뇌과학, 인식론 등의 분야를 파고들었다. 예를 들어, 인간의 인식이 뇌에서만 이루어지는 것이 아니라, 인식 과정에서 인간의 몸이 매우 중요하다는 "체화된 인지 이론 theory of embodied cognition"은 그들의 이론에 근거하고 있다. 로봇이나 인공지능 연구자들은 이런 이론에 대해 심사숙고하고 있는 중이다. 1960년대에 시작된 사이버네틱스의 내부 혁명은 아직도 진행 중이다.

10장

패러다임이 과학을 다시 정의하다

19세기 후반 과학자들은 적어도 하나의 분야에서 인간이 흔들림 없는 참된 지식, 즉 진리를 얻어냈다고 믿고 있었다. 그것은 아이작 뉴턴Isaac Newton의 천체역학이었다. 18세기 후반 프랑스의 천문학자이며 물리학자인 피에르 시몽 라플라스Pierre Simon Laplace는 뉴턴의 역학체계를 발전시켜서 태양계의 운동을 거의 완벽하게 기술했고, 분자들 사이에 작용하는 힘을 통해 모세관현상을 성공적으로 설명했다. 뉴턴의 체계는 천왕성의 궤도가 이론에서 예측한 값과 다르다는 도전에 직면해 해왕성이라는 새로운 행성을 예측하고 발견하게 도와줌으로써 더 강화되었다. 18세기 철학자 임마누엘 칸트Immanuel Kant는 인간의 인식이 어떻게 뉴턴의 이론 같은 진리를 낳을 수 있는지에 대해 고민했다. 그는 이 고민에 대한 해답으로 인간은 선험적인 범주들을 이용해 사고한다는 주장을 내놓았다. 칸트는 뉴턴의 물리학 체계에서 가장 중요한 선험적인 범주가 절대적 시간과 절대적 공간이라고 보았다.

확실성의 근거를 찾아서

또 다른 한편으로 19세기 후반부터 논리학과 수학을 결합하려는 시도가 있었다. 독일의 수학자이자 논리학자인 고틀로프 프레게Gottlob Frege로부터 시작된 이런 시도는 논리학에서도 수학적 엄밀성을 구현하려는 노력으로 이어졌다. 수학을 전공한 영국의 철학자 버트런드 러셀과 수학자이자 철학자인 앨프리드 노스 화이트헤드는 수년간 수학의 논리적 기초를 함께 탐구했고, 자신들이 발견한 확실한 지식의 근거를 바탕으로 철학과 지식을 쌓아갔다.

이런 전통 속에서 탄생한 인물이 루트비히 비트겐슈타인Ludwig Wittgenstein이었다. 그는 빈 대학교에서 프레게와 물리학자 하인리히 헤르츠Heinrich Hertz의 철학적 작업을 공부한 뒤, 러셀에게 와서 논리학과 수리철학을 연구했다. 러셀과 마찬가지로 지식의 확실성의 근거를 찾던 비트겐슈타인은 제1차 세계대전에 참전해 총알이 빗발치는 전선의 참호에서 《논리철학논고Tractatus Logico-Philosophicus》를 집필했다. "세계는 사건의 집합이다"라는 명제로 시작해 "말할 수 없는 것에 대해서는 침묵해야 한다"라는 명제로 끝나는 이 얇은 책은 2,000여 년의 서양철학 전통을 비판하면서 확실한 지식의 근거를 논리적 명제라는 뿌리에서 찾으려 했던 시도의 산물이다.

철학자들이 《논리철학논고》를 붙들고 씨름하던 시기에 빈에서 에른스트 마흐Ernst Mach의 영향하에 과학적 지식의 특성을 연구하던 '빈 서클' 회원들도 비트겐슈타인의 수리논리철학을 수용하기 시작했다. 이들은 '참'인 과학적 명제의 특징이 경험에 근거하고 있으며, 논리적인 도구를 사용한다고 생각했다. 과학적 명제의 옳고 그름은 실험으로 '입증verification'될 수 있었다. 과학적 명제에서 논리와 경험적 요소를 강조했다는 이유 로 이들의 철학은 '논리경험주의logical empiricism'라고 불렀다.

그런데 논리경험주의자들은 뉴턴의 역학이 아인슈타인의 상대성이론과 양자물리학에 의해 대체되면서 세계관이 바뀌는 과정을 목도한 사람들이었다. 뉴턴의 이론은 200년 동안 수없이 입증되었음에도 불구하고 오류가 발견되어 더 참된 지식으로 대체되었던 것이다. 이런 과정만 보아도 과학에서 '입증'이라는 것에 문제가 있음을 알 수 있었다.

이러한 문제를 해결하기 위해 빈 서클에 한 발 걸치고 있던 철학자 칼 포퍼Karl Popper는 과학의 가장 중요한 특성으로 입증 대신에 반증falsification을 제창했다. 그에 따르면 과학 지식은 확실히 입증되는 경우는 없고 단지 반증될 뿐이었다. 반증 가능성은 과학과 (형이상학이나 신비주의나 종교 같은) 비과학을 가르는 중요한 잣대였다. 포퍼에 따르면 과학은 반증되기 전까지 '참'으로 인정되다가 반증이 되고 새로운 과학이 등장하는 과정을 통해 발전했다. 포퍼의 반증주의는 과학의 경험적 요소와 논리적 연결을 강조한 논리경험주의와 결합해 20세기 전반기 과학철학의 주류를 형성했다.

의도했건 그렇지 않았건 간에, 과학이 확실한 지식이라는 생각에 대한 가장 강력한 도전은 비트겐슈타인에게서 비롯되었다. 그는 《논리철학논고》를 출간하고 나서 시골로 내려가 초등학생들을 가르쳤는데, 몇 가지 계기로 인해 다시 철학적 탐구를 시작했고, 자신이 구축했던 확실성의 토대를 스스로 부정하고 비판하기 시작했다. 그중 하나가 쿠르트 괴델의 불완전성 정리였다. 수리철학자 괴델은 서로 다른 공리체계를 통해 지금 우리가 아는 것과 완전히 다른, 모순이 없는 수학체계를 건설할 수 있음을 증명했다. 극단적인 예를 들자면, 1+1=3이 되는 수학체계를 만들 수 있다는 것이었다. 수학이 확실한 지식이 아닐 수도 있다는 회의와 더불어 수학으로 표현하려고 했던 논리적 지식의 근거 역시 허물어졌다. 비트겐슈타인은 이런 과정을 겪으면서 젊었을 때 읽었던 헤르츠의 《역학의 원리The Principles of Mechanics》를 떠올렸던 것으로 보인다.

그래도 가장 확실한 것은 연결망이다

《역학의 원리》에서 헤르츠는 뉴턴의 중력 대신에 '숨겨진 질량'을 도입하면 뉴턴의 역학체계와 똑같은 역학체계를 만들 수 있음을 논증했다. 당시 중력이나 만유인력은 확실한 개념으로 평가받고 있었으므로 헤르츠의 논증은 거의 주목받지 못했다. 그런데 아인슈타인의 일반상대성이론이 나온 뒤 중력은 실재하는 것이 아니라 공간의 휘어짐을 따라서 운동하는 물체가 보이는 경향을 지칭하는 개념이라고 재해석되었고, 이후 헤르츠의 《역학의 원리》도 새롭게 재조명되었다. 이 책은 우리가 확실하다고 생각한 과학 지식 체계의 토대가 생각한 것만큼 확실하지 않음을 보여주는 작업이라고 평가받았다. 앞서 얘기했듯이, 괴델의 증명 역시 그와 같은 맥락에서 평가되었다.

그런데 왜 토대가 불확실한데도 세상은 붕괴되지 않고 유지되는 것일까? 우리는 어떻게 우리의 지식에 의지하며 살아갈 수 있는 것일까? 비트겐슈타인은 확실성의 문제를 다른 각도에서 보기 시작했다. 그는 확실한 지식의 토대를 찾는 대신에, 토대가 확실치 않음에도 불구하고 우리가 의지하고 의존할 수 있는 지식이 어떻게 만들어지는가에 대해 고민했다.

호수에 백조가 한 마리 있을 때, "호수에 한 마리 백조가 있다"라는 명제는 참이다. 그동안 철학자들은 호수에 있는 백조(실재)와 백조라는 단어(언어) 사이의 조응이 어떻게 이루어지는가를 고민했다. 하지만 비트겐슈타인은 전혀 다른 질문을 던졌다. 왜 모든 사람이 호수에 있는 새를 오리가 아니라 백조라고 생각하는 것일까? 우리는 어떻게 백조와 오리를 구분하는 것일까? 비트겐슈타인은 호숫가에서 백조와 오리를 처음 보는 어린아이와 아이의 아버지를 떠올려보았다.

"아빠, 저 새는 뭐야?"

"응, 저건 백조야."

"그럼 저 새는?"

"그것도 백조야."

"그럼 쟤는?"

"그건 오리야."

아이의 아버지는 손가락으로 백조와 오리를 구분해서 가리켰고, 아이는 아버지가 가리킨 것을 보면서 백조와 오리의 특성을 익히는 것이다. 아버지가 알고 있던 백조와 오리의 미세한 차이들이 아이에게 이어져 공유된다.

"호수에 한 마리 백조가 있다"라는 '참' 명제는 백조와 오리의 차이를 인식할 수 있는 '무엇'인가를 공유한 상태에서 '참'인 것이다. 비트겐슈타인은 이런 '무엇'이 동일한 언어를 사용하는 사람들 사이에서 공유되고 있다고 보았으며, 이것이 교육되고 전수된다는 점에 주목했다. 그는 이를 '언어 게임language game' 혹은 더 넓게는 '삶의 형식form of life'이라고 불렀다. 삶의 형식이 공유되기 때문에 우리는 큰 불편 없이 다른 사람들과 소통할 수 있고, 비교적 확실한 지식의 토대를 가질 수 있다.

비트겐슈타인은 지식의 확실성이 논리나 수학 같은 확실한 토대가 우리의 지식을 받쳐줘서가 아니라, 사람들이 공유한 언어와 이런 언어를 가르치고 배우는 사회적 관습과 제도가 있기 때문에 보장된다고 보았다. 언어, 관습, 제도는 모두 촘촘한 관계들의 네트워크다. 지식의 확실성은, 우리 인간이 신을 닮은 이성을 가지고 있어서가 아니라, 이렇게 이미 만들어져 있는 촘촘한 사회·문화적인 네트워크에 의존했다. '후기 비트겐슈타인'은 지식의 토대를 언어와 사회의 네트워크 속에서 파악하는 새로운 철학적 전통을 만들어 냈다.

과학도 사람이 만든 패러다임

비트겐슈타인은 사람들이 일상적으로 사용하는 언어에 주목했다. 그는 수학에 대해서는 깊이 있는 논의를 했지만, 과학에 대해서는 거의 아무런 분석도 하지 않았다. 오히려 흩어져 있는 그의 단편적인 얘기들을 종합해보면, 그는 과학이 일상 언어와 다른 방식으로 작동한다고 생각했던 것 같다.

비트겐슈타인이 일상 언어에 대해 했던 얘기와 비슷한 얘기를 과학에도 적용할 수 있을까? 1960년대 초반 버클리 대학교에서 열린 사회과학 세미나에 참여한 과학철학자 토머스 쿤Thomas Kuhn은 흥미로운 경험을 했다. 한 사람의 발표에 대해 다른 사회과학자들이 그의 발표에 포함된 기본 개념에 대해 끊임없이 의문을 제기하는 것이었다. 반면에, 핵물리학 연구를 발표하는 자리에서는 물리학자들이 원자의 존재 여부를 놓고 토론하고 질문하는 광경을 상상하기도 힘들었다. 쿤은 자연과학의 경우 과학자들이 무엇인가를 공유하고 이에 대해 의문을 제기하지 않기 때문이라고 생각했다.

이 무렵 쿤은 버클리 대학교에서 철학을 전공하는 동료 교수 스탠리 카벨Stanley Cavell의 권유로 비트겐슈타인의 후기 저작들을

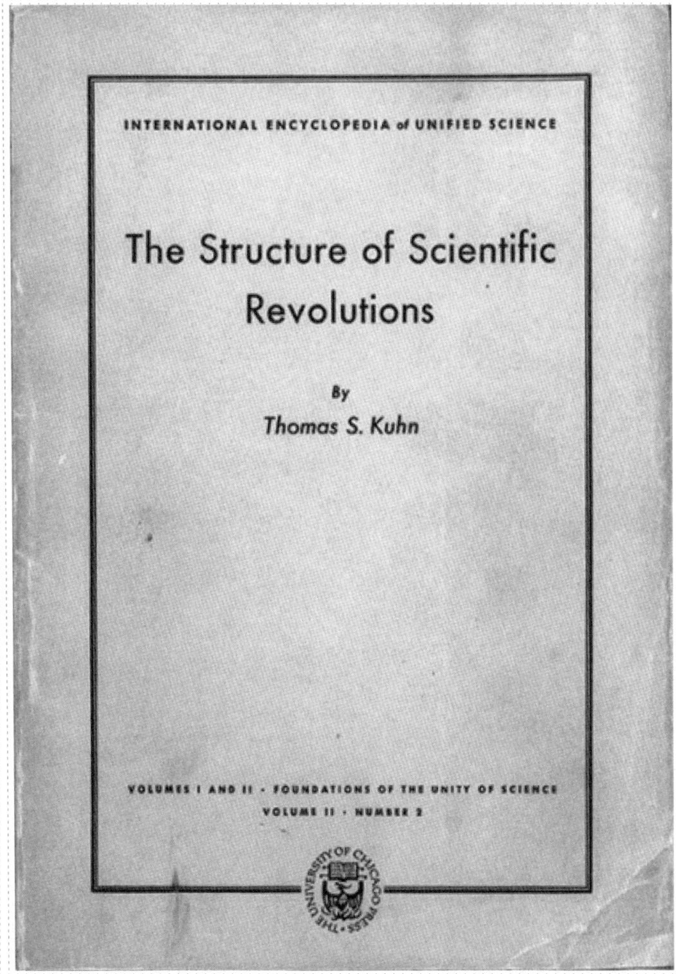

과학에 대한 이미지를 송두리째 바꾼 쿤의 《과학혁명의 구조》.

읽게 되었다. 쿤은 여기에서 삶의 형식이 언어 교육을 통해 공유되고, 이런 공유가 확실한 지식을 유지하는 데 중요한 근거가 된다는 점을 알 수 있었다. 쿤은 자연과학자들이 지식을 공유함으로써 소통하는 동시에 과학적 지식의 확실성을 담보하는 어떤 것을 패러다임Paradigm이라고 불렀다. 과학의 발전은 패러다임의 변화를 의미했다. 즉, 패러다임이 정립되고, 더욱 정교해지고, 위기를 맞아 새로운 패러다임이 등장하고, 두 패러다임이 경쟁하다 오래된 패러다임이 교체되는 식이었다. 과학에 대한 이런 해석은 1962년에 출판된《과학혁명의 구조》에 상세하게 서술되었다.

쿤에 따르면 과학은 무(無)에서 발전하는 것이 아니라, 공유된 패러다임이 생기면서 발전한다. 과학자들은 공유된 패러다임이 만들어내는 모순이나 새로운 문제를 해결하기 위해 애쓴다. 패러다임은 풀어야 할 문제뿐만 아니라, 문제 해결의 방향도 제시해준다. 과학자는 이성으로 자연을 꿰뚫어보고 진리를 찾아내는 사람이 아니라, 공유된 패러다임을 더 완전하게 만들기 위해 노력하는 사람이다. 패러다임이 안정적으로 작동할 때 과학자들은 자신들이 '진리'에 도달했다고 생각한다. 그렇지만 패러다임은 자연에 대한 하나의 모델에 불과할 뿐이다. 이것이 해결할 수 없는 변칙anomaly을 설명하는 다른 모델, 즉 새로운 패러다임의 등장으로 기존 패러다임은 역사의 뒤안길로 사라진다.

과학의 역사에서는 기존 패러다임이 사라지고 새로운 패러다임이 등장할 때 과학혁명scientific revolution이 일어난다. 이 시기에는 두 패러다임이 경쟁하는데, 기존 패러다임에서 많은 업적을 남긴 과학자들은 보통 기존 패러다임을 고수한다. 반면에 젊은 세대의 과학자들과 과학의 중심부에서 조금 비껴 있는 과학자들은 새로운 패러다임을 받아들인다. 과학자 막스 플랑크가 지적했듯이, 과학의 진보는 과거 세대가 역사 뒤편으로 물러나고 새로운 세대가 전면에 등장하면서 이루어진다.

쿤의 이론에서 경쟁하는 두 패러다임이 논리나 실험 같은 합리적인 방식으로는 비교가 불가능하다는 주장은 과학자들 사이에서 논쟁을 불러일으켰다. 기존 패러다임은 많은 문제의 답을 찾았지만 약간의 변칙을 해결하지 못하고, 새로운 패러다임은 약간의 변칙은 잘 해결하지만 앞으로 어떻게 발전할지 알 수 없기 때문이다. 새로운 패러다임은 기존 패러다임보다 더 좋은 것이 아니라, (그저) 다른 것일 뿐이다. 쿤은 이렇게 기존 패러다임과 새로운 패러다임을 합리적인 잣대로 비교할 수 없다는 점을 공약불가능성incommensurability이라고 불렀다. 공약불가능성이 존재한다는 측면에서 과학의 역사는 단선적인 진보가 아니었다.

데카르트와 뉴턴 이래 사람들은 과학이 자연의 실재에 대한 사실을 발견하거나 진리를 찾는 이성적인 활동이라고 생각했다. 쿤

련받은 과학자들은 수학과 실험으로 무장된 이성의 눈을 가지고 자연을 직시하기 때문에 인간과는 무관하게 존재하는 진리를 발견할 수 있다고 간주되었다. 앞서 말했지만 뉴턴의 과학은 이런 진리의 흔들리지 않는 하나의 사례였다. 지금은 아인슈타인의 일반상대성 이론 같은 것이 진리로 받아들여지고 있다. 예를 들어 요즘 천문학자들은 중력에 대한 일반상대성 이론이 옳다는 전제 아래 이것이 해결하지 못하는 여러 천체현상을 설명하기 위해서 '암흑 물질', '암흑 에너지' 같은 개념을 제안하고, 이를 검증하기 위해 노력한다. 이는 쿤이 제시한 패러다임을 정교하게 하는 활동이다.

쿤은 과학사의 많은 사례를 통해 과학 활동이 자연의 진리를 발견하는 이성의 활동이 아니라, 패러다임을 제창하고 공유하며 그것을 완벽하게 만들어가는 사회적 과정임을 설득력 있게 보여주었다. 과학사와 과학철학의 전통 위에서 과학을 분석한 쿤은 폰 푀르스터, 마투라나, 바렐라 같은 연구자들을 전혀 몰랐지만 쿤에 의해 촉발된 새로운 과학철학은 그들의 2차 사이버네틱스에서 제시된 인지 개념과 공통점이 많았다. 과학 지식은 마치 자연을 찍은 사진과 같은 재현이 아니라는 점에서 특히 그러했다. 과학은 자연의 거울이 아니라, 과학자 사회가 적극적인 활동을 통해 만들어내고 공유한 것이었다. 인간의 인지와 과학 지식의 본성에 대한 혁명적인 전환이 서로 연관이 없던 여러 사람에 의해 비슷한 시기에 제시되었던 것이다.

쿤의 주장을 받아들이면 과학을 철저하게 사회적이고 인간적인 활동으로 해석할 수 있다. 과학은 과학자들이 패러다임을 공유하고 기구와 같은 기술로 더욱 정교하게 만드는 지극히 인간적이고 사회적인 활동이다. 너무도 자명한 과학의 특징이었던 사실, 진리, 객관성, 보편성, 합리성, 실재 같은 개념은 모두 논쟁거리가 되었다. 철학적 목적을 위해 과학의 역사를 연구했던 쿤은 과학의 특권만이 아니라, 인간의 이성에 대한 과도한 믿음과 이에 바탕을 둔 인간중심주의에 큰 균열을 만들었다.

11장

새로운 기술철학, 인간-기술의 혼종을 고민하다

과학을 기술과 연관 지어 생각한 것은 그 역사가 오래되지 않았다. 1970년대만 해도 과학의 본질은 개념적인 것이라고 여겼다. 예를 들어, 과학의 역사를 연구하는 과학사학자들은 망원경 같은 새로운 기술이 새로운 천문학을 만든 것이 아니며, 심지어 이런 새로운 천문학을 받아들이는 데 결정적이지도 않았다고 생각했다. 이들은 근대 과학이 자연에 대한 지식을 추상화하고 수학화해서 이론을 만드는 데 그 요체가 있다고 보았다. 또한 과학이 기술의 발전을 가져온 것은 아니라고 여겼다. 과학은 현대 산업사회를 이끈 산업혁명을 주도한 방적기, 방직기, 새로운 제철기술, 증기기관 같은 기술에 거의 기여하지 못했다는 것이다.

과학은 특권을 가진 지식으로 여겨졌고, 철학에서 지식의 근거를 분석하는 인식론은 18세기부터 과학을 분석 대상으로 삼았다. 앞서 얘기했지만, 칸트 같은 철학자도 뉴턴 과학을 공부하고, 이를 철학적으로 분석했다. 영국 철학자 데이비드 흄David Hume도 과학에 관심이 많았다. 반면에, 기술에 관심을 가진 철학자는 거의 없었다. 19세기 중엽 처음으로 '기술철학'이라고 부를 만한 것이 등장했다. 기술이 새로운 산업을 발전시키면서 기술의 사회적 영향력이 커졌고, 기계를 돌리는 노동자가 늘어났으며, 일상생활에서는 증기를 이용한 기차, 순식간에 메시지를 보내는 전신, 재봉틀, 자전거, 전기기술 등이 시민의 삶을 급격히 바꾸었기 때문이다.

기술철학의 시작: 캅과 마르크스

독일 출신의 미국 철학자 에른스트 캅Ernst Kapp은 이런 기술이 어떻게 만들어졌을지를 고민하다가 모든 기술은 인간 몸의 '연장(延長)'이라는 생각에 이르렀다. 인간의 손, 치아, 팔, 발, 다리가 연장되어 기술이 만들어졌다는 것인데, 예를 들어 갈고리, 칼, 창, 노, 삽, 괭이 등은 손의 연장, 그릇은 손바닥의 연장, 맷돌은 치아의 연장, 바퀴와 수레 등은 발과 다리의 연장이라는 것이다. 이러한 생각이 확장되면 철도는 인간 순환계의 연장, 전신은 신경계의 연장으로 볼 수 있다. 20세기 중엽에 활동한 유명한 미디어학자 마셜 매클루언Marshall McLuhan은 이런 전통을 계승해서 텔레비전과 컴퓨터 같은 미디어가 대뇌와 신경계의 연장이라고 주장했다.

기술에 대한 이런 시각에는 두 가지 문제점이 있다. 첫 번째, 인간 몸의 연장이라기보다는 자연의 모방에 가까운 기술이 있다는 것이다. 예를 들어, 해시계나 철조망 같은 기술은 인간의 몸이 외화되었다기보다는 자연을 모방한 것이다. 해시계는 자연적 시간의 흐름을 시계에 체화한 것이고, 철조망은 자연에 존재하는 가시넝쿨을 모방한 것이기 때문이다. 전등 역시 인간 몸의 연장이라고 보기 힘들다. 이는 태양빛을 모방한 것이기 때문이다. 두 번째, 모든 기술을 몸의 연장으로 보는 것은 도구tool와 기계machine의 차이를 무시하는 결과를 낳는다는 것이다. 도구 같은 전근대적인 기술은 분명히 인간의 육체를 대체하고(화살), 강화하고(망치), 편하게 해주는 역할을 했지만, 기계 같은 근대기술은 (제련 기술의 경우) 자연적인 물질을 인공적인 물질로 대체하거나 (증기기관의 경우) 자연적인 힘을 사람이 만든 힘으로 대체하는 것이기 때문이다.

이렇게 도구와 기계의 차이를 강조했던 사람이 《자본론》을 저술한 카를 마르크스였다. 그는 장인의 도구가 장인의 노동을 도와주고 인간과 노동을 더 통합한 데 비해, 노동자의 기계는 기계의 작동에 인간의 노동을 맞춤으로써 노동자가 자신의 노동으로부터 소외되는 결과를 낳았다고 주장했다. 그렇지만 마르크스는 노동자의 비참한 처지가 기계가 아닌 자본주의 때문이라고 생각해 기계를 부수는 러다이트 운동을 지지하지는 않았다. 다만 그는 자본주의하에서 기계는 노동자의 행복이나 복지가 아니라, 자본가를 배불리는 방식으로 작동한다고 강조하면서 이런 사례들을 발굴해 제시했다.

마르크스는 젊은 시절 산업혁명을 목도한 뒤 기술의 급격한 변화와 이에 수반되는 생산력의 발전을 예의 주시했다. 그는 30세 때 저술한《공산당 선언》에서 자본주의의 발전을 이끈 기술의 발전을 격앙된 어조로 묘사했다.

> 부르주아지는 100년도 채 안 되는 자신들의 지배 기간 동안 과거의 모든 세대가 이룩해냈던 것보다 더 어마어마하고 거대한 생산력을 창조해냈다. 인간의 자연력에 대한 정복, 기계 장치, 화학의 농업과 공업에 대한 응용, 증기선을 이용한 항해, 철도, 전신, 대륙 전체에 대한 개간, 하천을 관통하는 운하, 땅에서 갑자기 솟아나듯이 불어난 인구. 이런 생산력이 가능하리라는 것을 이전의 어느 세기가 알아차렸을까?

하지만 마르크스는 이러한 기술적 진보가 저절로 사회의 발전을 가져온다고 보지는 않았다. 그 이유는 기술과 그에 기반을 둔

생산력의 발전이 인류 문명의 진보보다는 자본가들의 생산과 상업 체계의 확장, 즉 자본가들의 이윤 축적에 훨씬 더 크게 기여했기 때문이다. 기술적 진보는 마치 겉으로 보기에 대중을 위한 것처럼 보이지만, 실제로는 몇몇 자본가들의 자본 축적을 돕는다는 것이다. 즉, 마르크스에 의하면 기술 발전은 소수 자본가들의 부를 늘려줌으로써 사회적 불평등을 심화시키는 것이었다.

마르크스의 기술관은 두 가지 측면에서 후대에 큰 영향을 미쳤다. 첫 번째는 그가 도구와 기계를 구분하고, 전자를 긍정적으로 후자를 부정적으로 평가한 점이다. 이후 기술에 대해 논한 철학자들은 마르크스와 비슷하게 전근대적인 도구와 근대적인 기술을 구분했다. 두 번째로 마르크스는 누가, 어떤 목적으로 만들고 사용하는가에 따라서 기술이 특정한 계급의 이익을 낳는 수단이 될 수 있다고 주장했다. 즉, 중립적으로 보이는 기술이 자본주의 이데올로기를 내포하거나 강화할 수 있다고 봤던 것이다. 이런 관점 역시 이후 기술철학자들에게 이어졌다.

비관론과 낙관론: 하이데거와 시몽동

20세기에 들어와 기술철학은 일군의 철학자들에 의해 한 단계

도약했다. 그중 한 명이 독일의 철학자 마르틴 하이데거였다. 그는《존재와 시간Sein und Zeit》에서 망치 같은 도구는 장인의 숙련된 노동을 가능하게 해줄 뿐만 아니라, 장인이라는 인간을 망치 외의 다른 도구들, 장인이 만든 물건들, 이 물건들이 사고 팔리는 시장, 구매자, 상업 활동의 총체 등 더 넓은 세상과도 연결해주는 매개물이라고 해석했다. 장인과 세상을 긴밀하게 연결해주는 망치를 통해서 장인은 세상의 일부가, 세상은 장인의 일부가 되었다. 따라서 도구는 장인의 노동과 재료는 물론, 장인과 세상을 이어주는 매개물인 것이다.

하이데거는 제2차 세계대전을 겪으면서 장인이 사용하는 망치 같은 도구와 '기술'을 구별했다. 그도 마르크스와 마찬가지로 도구는 사용자와 세상의 관계를 풍성하게 만들어주지만, 기술은 거꾸로 세상의 풍성함을 앗아간다고 보았다. 하이데거는 그 예로 발전용 댐이 건설된 독일의 라인강을 서정시인 프리드리히 횔덜린Friedrich Hölderlin의 〈라인강Der Rhein〉과 비교했다.

하여 라인강이 산을 떠난 후
뒤이어 독일 땅에서
자족하며 조용히 흘러가면서
훌륭한 사업으로 그리움을 달래는 모습

아름다워라, 아버지 라인강이
땅을 갈고 그가 세워놓은 도시들에서
사랑스러운 자식들을 양육할 때

이 시에서 보듯이, 사람들은 다양한 방식으로 라인강과 관계를 맺어왔다. 그런데 라인강에 발전용 댐이 세워진 뒤에는 인간과 라인강이 맺어왔던 풍성한 관계들은 모두 사라지고, 인간과 라인강이 오직 한 가지 방식으로만 관계를 맺기 시작했다는 것이다. 이 새로운 관계는 인간이 라인강을 오로지 인간을 위한 재원resource으로만 보는 것이었다. 하이데거의 관점은 기술이 인간에게 자연과 동물, 사회와 인간 모두를 인간을 위한 재원으로만 다루도록 강요한다는 것이다.

하이데거의 말처럼 "기술의 본질은 결코 기술적인 것이 아니다". 인간이 어떤 대상과 기술적 관계를 맺는다는 것은 그 대상을 인간에게 유용한 것으로서만 인간과 관계하게 한다는 것을 의미했기 때문이다. 인간은 자연환경, 광물과 동식물, 문화, 심지어 사람들조차 인간에게 유용한 재원으로 대하기 시작했다. 그 밖의 다른 관계는 모두 사라지거나 하찮은 것이 되었다. 이런 의미에서 인간은 기술의 독재하에 있었다.

기술의 독재는 17세기 무렵에 시작되었는데, 하이데거에 따르면 이 시기의 수학화된 근대 과학은 기술의 독재를 더욱 효율적으로 하려는 목적에 부응하며 발전했다. 그의 관점에서 보면 기술이 먼저고 과학은 나중이었다. 사람들은 기술의 가치중립성을 크게 의심하지 않았는데, 이는 기술의 독재를 더욱 강화해주는 계기가 되었다. 하이데거는 기술의 지배는 너무 강력하고 온전해서 인간은 스스로 이 지배에서 벗어날 수 없으며, 오직 신만이 인간을 구원할 수 있다고 생각했다.

기술철학과 관련해 하이데거는 도구가 인간의 노동을 더욱 풍요롭게 한 데 반해 기술은 노동을 소외시켰다고 본 마르크스의 전통 위에 있었다. 하이데거 역시 장인을 세상과 연결해주는 장인의 망치와 자동기계를 구분하면서 장인의 도구는 높게 평가했지만 인간의 노동을 소외시킨 기술에 대해서는 강하게 비판했다. 그런데 하이데거만큼이나 기술철학에 큰 영향을 미친 프랑스의 철학자 질베르 시몽동Gilbert Simondon은 도구와 기계에 대해 마르크스나 하이데거와는 정반대의 주장을 했다.

시몽동은 장인의 망치 같은 도구가 바로 그 특정한 노동과 합치되는 형태로 발전하고 진화해서 그 장인 외에 다른 사람은 이것을 가지고 노동하는 것이 거의 불가능하다는 점에 주목했다. 반면에, 시몽동에 따르면 자동화된 기계는 초보자도 바로 사용할 수 있었다. 따라서 인간이 사용하기 힘든 도구에 비해 산업혁명

이후에 발전한 기계는 인간의 노동을 더 풍요롭게 만들었다. 그에 따르면 기계는 도구를 포함한 여러 부품이 결합해 만들어진 것이며, 이런 의미에서 '추상적인' 도구에 비해 훨씬 더 '구체적'이었다.*

기계가 발전할수록 기계에는 수많은 부품이 복잡한 관계를 맺으며 배치되고, 인간은 이런 기계를 쉽게 사용함으로써 세상과 더 많은 관계를 맺게 된다. 자동차는 무수히 많은 부품의 조합으로 이루어지는데, 자동차는 수많은 사람이 다양한 용도로 이용한다. 자동차는 출퇴근을 비롯해 여행을 가거나, 아이를 학교에 데려다주거나, 병원을 가거나, 멀리 사는 친척을 방문할 때에도 이용된다. 자동차 기술은 20세기 이후 도시의 삶 자체를 가능하게 만들었다고 해도 과언이 아니다. 자동차는 수많은 사람은 물론 자연과도 새로운 관계를 맺는 데 기여했다. 시몽동에 따르면, 모든 기술은 새로운 관계와 가능성을 만들어내는데, 바로 이것이 기술의 본질이었다.

이런 관계 중에는 하이데거가 얘기한 부정적인 측면도 있다. 자동차가 다니려면 길을 만들어야 하고, 이를 위해 산림을 훼손하기도 한다. 2019년, 제주도의 비자림 도로 확장 공사를 놓고 벌

* 여기서 '추상적', '구체적'이란 표현은 일상에서 사용하는 추상이나 구체와는 다른 의미다. 시몽동이 도구와 기계를 구별하기 위해 사용한 표현이다.

어진 논쟁은 자동차라는 기술이 가져다주는 혜택이 공짜로 얻어지는 것이 아님을 잘 보여준다. 관광이 주요 수입원인 제주도에서는 자동차 관광이 용이하도록 하기 위해서 비자림을 넓혀야 한다는 입장과 이를 보존해야 한다는 입장이 대립했다. 시몽동은 기술이 이런 부정적인 효과를 낳을 수 있다는 점을 알고 있었지만, 이것이 기술의 본질이거나, 혹은 기술의 가장 중요한 측면은 아니라고 생각했다.

하이데거와 시몽동은 극과 극이라고 할 정도로 다른 기술철학을 제안했지만, 공통점도 있었다. 그것은 인간이 기술의 주인이 아니라는 점이었다. 하이데거에 따르면 인간은 기술을 통해, 기술이 휘두르는 대로 세상과 관계를 맺는다. 인간이 기술을 만들었지만, 이제는 기술이 인간을 만들고 있다. 고대로 돌아가는 게 아니라면 이런 기술적 매개를 벗어날 수 없다. 시몽동 또한 인간이라는 존재는 기술과 관계를 맺으면서 자신의 존재가 완성되고 풍부해진다고 주장했다. 이런 관점에서 인간은 인간이 맺고 있는 기술적 관계의 총체라 할 수 있다. 다른 말로 하자면, '내'가 있고 그다음에 기술이 있는 것이 아니라, '나'라는 존재는 이미 기술이 가득한 세상에서 태어나 이런 기술과 다양한 관계를 맺으면서 완성되어가는 것이다.

브뤼노 라투르의 테크노사이언스

하이데거와 시몽동은 과학에도 관심을 가졌지만, 과학과 기술을 결합한 사고를 전개하지는 못했다. 이런 결합은 하이데거와 시몽동을 계승한 브뤼노 라투르Bruno Latour에 의해 이루어졌다. 라투르는 초기 연구부터 과학적 사실fact이 만들어지는 과정이 실험실에서 사용하는 기기 같은 인공물artifact이 안정화되는 과정이라고 생각했다. 자연에 대한 사실을 다루는 과학과, 사람이 만든 인공물을 다루는 기술이 구분되어 있지 않았다는 것이다. 라투르는 나중에 자연과 인간 혹은 자연과 사회를 구분하는 이분법을 비판하고 그 벽을 허무는 비근대주의amodern 사상을 제안했는데, 그의 초기 연구는 이런 비판의 맹아였다.

라투르는 우리가 사회라고 부르는 것이 인간과 비인간의 다양한 결합association 혹은 네트워크라고 주장했다. 가장 대표적인 비인간인 기술은 인간과 다양한 방식으로 결합해 사회를 만든다. 기술을 비롯한 비인간들을 투박한 재료에서 인간에게 유의미한 존재로 탈바꿈하는 곳이 과학기술자의 실험실이다. 실험실은 인간과 비인간이 힘겨루기를 해서 서로를 변화시키는 공간이다. 인류의 선조들이 야생동물을 길들여 가축으로 삼았듯이, 과학기술자는 실험실에서 비인간을 길들인다.

어떤 실험실에서는 암모니아가 합성되고, 어떤 실험실에서는 이를 가지고 비료를 만들고, 다른 실험실에서는 화약을 제조한다. 실험실에서 실리콘은 반도체의 원료가 되기도 하고, 인간의 몸속에 들어가는 성형 보조물이 되기도 한다. 실험실에서 탄생한 반도체는 다른 실험실에서 집적integrate되어 IC 칩으로 변한다. 또 다른 실험실에서는 이 칩을 대량생산할 수 있는 방법이 연구되고, 다른 곳에서는 칩의 재료에서 불순물을 없애는 방법이 고안된다. 이렇게 고안된 클린룸clean room이 백혈병 같은 치명적인 직업병을 낳기도 한다. 기술은 인간과 인간, 인간과 기술, 기술과 기술의 관계를 매우 복잡하고, 예측하기 힘든 방식으로 변화시킨다. 라투르가 테크노사이언스technoscience라고 부른 것이 이런 인간-과학-기술-비인간의 얽힘이다.

비인간은 주로 기술의 형태로 바뀌어 세상에 나온다. 인간은 기술과 관계를 맺음으로써 변화하고, 그 과정에서 기술도 변화한다. 책상 서랍에서 총을 꺼내 손에 쥔 순간 총도 사람도 그 이전과는 달라진다. 인간과 비행기라는 기술의 결합으로, 인간이든 비행기든 단독으로는 할 수 없는 비행(飛行)이 가능해진다. 자동차를 운전하다가 과속방지턱 앞에서는 속도를 줄이게 된다. 보행자를 생각해서가 아니라 자기 차를 생각해서지만, 감속의 효과는

스마트폰이라는 기술은 인간에게 새로운 가능성과 능력을 부여해줄 뿐만 아니라 인간과 인간, 인간과 비인간을 엮어준다.

동일하다. 이런 기술들은 실험실에서 개량된다. 새로운 기술들이 쏟아져 나오면서 세상은 복잡해지고, 이런 복잡한 세상을 조금이라도 더 잘 이해하고 통제하기 위해 과학기술이 발전한다. 이 과정에서 탄생한 새로운 과학기술은 다시 새로운 복잡성과 불확실성 그리고 위험을 낳는다.

세상의 기술적 존재들 중 어떤 것은 우리가 원하지 않았거나, 지금도 우리에게 환영받지 못하고 있다. 공장과 자동차가 뿜어내는 지구온난화를 유발하는 이산화탄소, 어떻게 만들어지는지 혹은 어디에서 날아오는지도 잘 모르는 미세먼지, 생물학 실험실에서 만들어진 유전자변형식품과 배아복제줄기세포, 물리학자들이 실험실에서 만들어낸 플루토늄, 미생물학자들이 만들어낸 유전자가위 등은 논쟁의 중심에 있다. 라투르는 이런 존재들과 공존하기 위해 우리가 만들어낸 새로운 존재들에 애정과 책임을 가져야 한다고 강조한다. 이런 존재들에 대해 나 몰라라 하는 것은 자신이 만든 존재를 내팽개치고 도망쳤던 프랑켄슈타인 박사의 과오를 다시 저지르는 것과 같다.

라투르는 기술과 무관한 인간 존재 및 인간의 본성, 자유의지, 책임 등을 논하는 것이 무의미하다고 생각한다. 인간은 항상 비인간, 특히 기술과 얽혀 있는 존재이기 때문에, 기술이 인간의 가능성과 역량을 어떻게 확대하고, 어떻게 제한하는지를 잘 분석하는 것이, 마치 인간이 무한히 자유로운 존재인 양 착각해서 인간의 자유의지를 강조하는 것보다 훨씬 더 정치적이고 실천적 의미를 갖는다고 주장한다. 기술이 인간과 관계를 맺는 방식은 결코 하이데거가 주장한 것처럼 하나가 아니다. 기술과 인간의 관계는 매우 다양하며, 기술-인간의 관계로 인해 인간도 기술도 변화한다. 라투르에 따르면 기술은 훌륭한 행위자이며, 기술이 인간성humanity을 가진 만큼 인간은 기술성technicity을 가지고 있다.

새로운 기술철학의 의미

라투르의 기술철학은 인공지능 시대를 살고 있는 우리에게 사이보그의 의미에 대해 다시 생각하게 한다. 우리는 우리 몸의 일부를 기계로 대체해서가 아니라, 기술을 통해 다른 기술 세계와, 다른 사람들과, 자연과 더 촘촘하게 연결되고 엮임으로써 사이보그가 되는 것이다. 기술은 그것을 사용하는 인간에게 새로운 가능성과 새로운 관계를 부여함과 동시에 우리가 지금까지 잘 해왔던 것에서 멀어지게 만들기도 한다. 핸드폰이 보급된 뒤에 전화번호를 외우지 않게 됐으며, 내비게이션이 상용화된 뒤로는 종이지도를 보면서 길을 찾지 않는 식으로 말이다.

테크노사이언스는 실험실에서 기술을 포함한 새로운 비인간들을 계속 만들어 세상으로 내보낸다. 이 혼종적인 네트워크는 계속 복잡해진다. 우리에게는 500년 전의 상황으로 되돌아 갈 수 있는 방법은 없다.

사람들은 오랫동안 자신들이 만든 것에 대해 확실하게 알고 이를 통제할 수 있다고 생각해왔다. 사람이 기술을 통제할 수 있다는 믿음은 여기에서 비롯되었다. 인간이 기술을 만들었기 때문이다. 바로 이런 이유로 인문학자들은 기술에 별반 관심이 없었다. 기술을 만들게 된 동기와 기술을 사용하는 사람들의 의도만 이해하면, 기술을 완전히 알고 통제할 수 있다고 생각했기 때문이다. 인문학자들은 기술보다는 기술을 만들고 사용하는 인간에게 주목했다. 이들에게 인간은 기술의 주인이었다.

라투르의 기술철학은 기술의 주인으로서 인간의 지위에 질문을 던진다. 라투르에 따르면 인간은 이 세상에서 독자적으로 행위하지 않는다. 기술과 관계를 맺으면서 인간의 동기, 목표, 행위가 달라진다. 기술도 인간과 관계를 맺으면서 발전 방향과 그것이 미치는 영향이 예상했던 것과는 다르게 변한다. 이 과정에서 사람도 변한다. 이렇게 바뀌는 인간-기술의 네트워크에 또 다른 기술과 또 다른 인간이 포섭된다. 생각하지 못한 새로운 목표가 생기고, 예상치 않았던 결과가 우리를 당혹하게 한다. 우리는 기술과 함께 살아가는 존재이지 기술의 주인도, 기술에 의해 지배당하는 노예도 아닌 것이다.

포스트휴먼 감수성에 따르면 우리는 기술을 마스터하는 방법이 아니라, 기술과 함께 사는 방법을 배워야 한다. 자율적인 로봇과 인공지능이 나타나 인간을 대체할 것이라는 생각은 우리의 환상에 가까운 것이다. 원시 도구부터 인공지능에 이르기까지 인간과 기술은 얽히고 엮여 있는 존재이기 때문이다. 기술과 촘촘하게 엮일수록, 이런 시스템 속에서 인간의 행위가 더 분산될수록 인간 행위의 책임에 대한 우리의 각성은 더 첨예해져야 한다. 라투르의 기술철학이 인공지능과 스마트 로봇 시대를 살고 있는 우리에게 주는 교훈이다.

12장

인공지능, 격렬한 논쟁의 핵이 되다

초기 핵심적인 인공지능 연구자들은 인간의 두뇌를 닮은 컴퓨터를 만들어서 인공지능을 구현하려고 하는 대신에, 논리적 연산을 빨리함으로써 궁극적으로는 인간의 결정과 비슷한 결정을 내리는 기계를 만들려고 했다. 1956년 존 매카시가 조직한 인공지능에 대한 다트머스 학회에서 만난 매카시, 마빈 민스키, 앨런 뉴얼, 허버트 사이먼은 불과 몇 주 동안 의견을 교환하고 헤어졌지만 이후 MIT(민스키), 스탠퍼드 대학교(매카시), 카네기 멜런 대학교(뉴얼, 사이먼)에 인공지능 연구 센터를 설립해 인공지능 연구에 박차를 가했다. 1950년대부터 1970년대까지 이들은 가까운 미래에 인간처럼 생각하고 판단하는 인공지능을 만들 수 있다고 낙관했다.

같은 시기에 인공지능을 둘러싸고 철학적 논쟁이 활발했다. 일군의 철학자들과 인공지능 연구자들은 인공지능에 대한 낙관론

인공지능의 선구자 허버트 사이먼.

을 강력하게 비판했다. 인공지능은 인간과 같은 방식으로 생각하지 않으며, 따라서 결코 인간과 같은 수준의 지능을 가질 수 없다는 이유에서였다. 또 인공지능의 사회적 영향이 연구자들이 생각하는 것보다 부정적일 수 있다는 비판도 제기되었다. 이런 비판들에 대해서는 다시 반론이 이어졌고, 이들 중 일부는 인공지능 연구에 영향을 주었다.

지금 다시 르네상스를 맞고 있는 인공지능이 우리 사회를 어디로 인도할지 궁금한가? 1960~1970년대에 벌어졌던 논쟁에서 우리의 궁금증에 대한 답을 어렴풋하게나마 찾을 수 있다.

기호 인공지능 연구와 낙관론

매카시, 민스키, 뉴얼, 사이먼 같은 인공지능 선구자들은 한결같이 사이버네틱스에 기원을 둔 신경망 접근법을 거부하고 기호논리에 근거한 기호 인공지능의 접근법을 택했다. 이들의 초기 연구는 크게 세 가지 방향으로 진행되었다. 하나는 인간을 이기는 체스 프로그램을 만드는 것이었다. 체스 프로그램은 컴퓨터 속도와 용량이 발전하면서 그 기술도 급속도로 발전했는데, 1967년에 한 체스 프로그램은 매사추세츠주의 챔피언 경기에 출전한 선수를 상대로 첫 승리를 거두었다. 두 번째 연구 방향은 논리적 결정을 내리는 인공지능에 맞춰졌다. 뉴얼과 사이먼의 '논리 이론가' 프로그램(1955)은 복잡한 논리 문제를 순식간에 풀었고, 이들은 이를 확장해서 일반적인 지적 결정을 내리는 '범용 문제 해결사General Problem Solver'라는 프로그램을 만들었다.

세 번째 방향은 컴퓨터가 인간의 자연언어를 이해하게 하는 것이었다. 이를 위해서는 인간이 사용하는 언어의 구조를 분석해서 이를 인공지능에 입력하는 것이 필요했다. 사람이 적절한 말을 입력하면, 컴퓨터는 이미 입력된 언어 구조에 맞춰 이를 판독하고 적절한 방식으로 답을 했다. MIT의 컴퓨터 공학자 조지프 와이젠바움Joseph Weizenbaum은 1966년 언어를 이해하는 첫 번째 인공지능 프로그램 '일라이자ELIZA'를 개발했다. 일라이자는 채팅 프로그램이었는데, 특히 심리 상담을 하는 정신과 의사를 훌륭하게 흉내 냈다. 예를 들어, 일라이자는 이렇게 사람과 대화를 나눌 수 있었다.

젊은 여성: 남자는 다 똑같아요.

일라이자: 어떤 의미에서요?

젊은 여성: 남자는 항상 우릴 들들 볶아요.

일라이자: 구체적인 예를 들어줄래요?

……

젊은 여성: 그는 내가 항상 우울하다고 해요.

일라이자: 우울하다는 얘길 들어서 안됐습니다.

젊은 여성: 사실이에요. 나는 불행해요.

일라이자: 여기 오면 불행하지 않을 거라고 생각해요?

이런 발전을 이룬 인공지능 분야의 선구자들 대부분은 낙관적이고 유토피아적인 비전을 공유했다. 이들은 가까운 미래에 인공지능이 인간의 주관이나 편견에 오염되지 않은 판단과 지식을 낳음으로써, 인간과 기계 사이의 갈등을 해소함은 물론 주관성과 객관성 사이에 존재하던 오랜 갈등과 긴장을 완전히 해소할 수 있을 것이라고 전망했다. '논리 이론가'를 만든 사이먼은 이 프로그램이 인공지능 컴퓨터 같은 '물질로 구성된 시스템이 어떻게 마음의 속성을 가질 수 있는지'를 보임으로써 서양 철학의 오래된 '마음/몸mind/body의 문제'를 완전히 해결했다고 주장했다. 논리 문제를 푸는 인공지능은 기계적 연산을 하는 컴퓨터의 연장이라고 볼 수 있지만, 사이먼은 자신의 인공지능이 과거의 컴퓨터와 전혀 다른 새로운 패러다임이라고 생각했다.

1958년 사이먼과 뉴얼은 향후 10년 안에 컴퓨터 프로그램이 세계 체스 챔피언을 이기고, 새로운 수학 명제를 만들어 증명할 것이라고 단언했다. 1967년 민스키는 10년 안에 인공지능과 관련한 모든 문제가 해결될 것이라고 전망했다. 같은 해 사이먼은 심리학 이론이 컴퓨터 프로그램과 비슷해질 것이라고 선언했다. 인간의 마음이 컴퓨터와 같아서 마음에 대한 연구인 심리학은 곧 컴퓨터 프로그램에 해당 된다고 생각했기 때문이다. 1970년 민스키는 몇 년 뒤에 인간의 일반 지능 수준의 인공지능 기계를 갖게 될 것이라고 낙관했다.

연구자들의 낙관론은 단순히 인간처럼 생각하는 인공지능을 만드는 데 한정되지 않았다. 이들은 인공지능이 서양 철학의 오랜 주제였던 인식론과 존재론의 난제를 해결해줄 수 있다고 믿었다. 예를 들어, 인공지능이 가능한 선택지를 평가하고 이 중 하나를 고르는 과정에 대한 이해는 자유의지와 결정론 사이의 철학적 모순을 해결해줄 수 있다는 것이었다. 더 나아가서 매카시는 믿음, 지향intentions, 욕구 같은 인간의 정신적인 특질을 인공지능에도 부여할 수 있다고 주장했다. 인공지능에 관한 연구가 인간 마음의 심연을 파헤치는 도구가 되는 것이다.

철학자들의 반론과 비판

철학자들은 인공지능에 대한 낙관론을 비판했다. 영국의 철학자 존 랜돌프 루카스John Randolph Lucas는 인간의 마음이라는 것이 부분으로 환원되지 않는다는 점에서 기계의 메커니즘과 본질적으로 다르며, 따라서 아무리 인공지능이 발전해도 인간의 마음을 흉내 낼 수 없다고 주장했다. 마음은 나눌 수 없지만, 부품들로 조합된 기계는 분해할 수 있기 때문이다. 그는 인공지능이 인간을 따라올 수 없다는 점을 괴델의 정리에 근거해서 전개했다. 괴델의 정리에 따르면 수학적 명제들은 닫힌 형식 체계 안에서만 진리값을 갖는데, 인간은 (괴델의 정리에서 보듯이) 형식 체계 밖에 위치할 수 있지만 하나의 체계에만 머무르는 컴퓨터는 그럴 수

드레이퍼스.

드레이퍼스가 저술한 인공지능 비판서 《컴퓨터는 무엇을 할 수 없는가》(1972).

없다는 것이다. 그래서 서로 다른 형식 체계를 상정하는 인간의 마음은 하나의 체계에만 머무르는 인공지능보다 뛰어날 수밖에 없었다.

미국의 철학자 휴버트 드레이퍼스Hubert Dreyfus는 하이데거나 모리스 메를로 퐁티Maurice Merleau-Ponty 같은 유럽 철학의 전통에 근거해서, 인간의 사고가 마치 프로그램처럼 정해진 규칙에 따라서 상징을 조작하는 것과 흡사하다는 인공지능 연구자들의 기본 가정을 공격했다. 드레이퍼스에 따르면 인간의 사고는 인공지능의 결정과 두 가지 점에서 달랐다. 그중 하나는 인간의 사고가 우리가 이미 알고 있는 복잡한 '맥락context' 속에서 일어난다는 것이다. 두 번째로 인간의 사고는 컴퓨터가 정보를 처리하는 선형적인 방식이 아니라 여러 단계를 건너뛰면서 거의 무의식적이고 직관적으로 이루어진다는 것이다.

이러한 직관적인 방식은 인간이 가진 '암묵지tacit knowledge'와 밀접하게 연결되어 있다. 사람들은 알고 있지만 글로 쓸 수는 없는 암묵지들을 가지고 있는데, 부호로 쓰인 알고리듬으로만 구성된 인공지능은 이런 암묵지를 가질 수 없으므로 인간과 같은 방식으로 세상을 이해할 수 없다는 것이 드레이퍼스의 생각이었다. 드레이퍼스는 인공지능이 이런 '맥락'과 '암묵지'를 포함하지 않는 한 인간과 비슷한 사고를 할 수 없다고 비판했다.

그는 또 인간의 사고가 인간의 몸과 밀접하게 관련되어 있다는 점을 지적하면서, 컴퓨터가 몸을 가지지 않는 한 인간처럼 사고할 수 없다고 주장했다. 드레이퍼스의 주장은 후설과 하이데거의 영향을 크게 받았지만, 마투라나와 바렐라의 급진적인 세계관에 닿아 있었다. 이것은 특히 인간의 인지가 외부 세계가 두뇌의 신경회로에 반영된 것이 아니라, 몸을 가진 인간이 세상을 향해 행한 것이라고 생각한 마투라나와 바렐라의 2차 사이버네틱스의 인지 이론과 상통했다.

또 다른 철학자 존 설John Searle은 유명한 '중국어 방Chinese Room'

설의 중국어 방 논변. 방 안에 있는 사람은 중국어를 전혀 이해하지 못하면서도 매뉴얼을 이용해 중국어를 이해하는 것 같은 인상을 줄 수 있다. 당시 대부분의 인공지능도 이와 마찬가지라는 것이 설의 주장이다.

논변을 폈는데, 이 논변은 이랬다. 중국어를 전혀 모르는 사람이 단어 카드가 잔뜩 있는 방 안에 있다. 이때 적절한 중국어 매뉴얼이 주어진다면, 그는 방 밖에서 입력하는 중국어 질문에 대해 적당한 중국어로 대답을 할 수 있을 것이다. 따라서 밖에서는 방 안에 있는 사람이 마치 중국어를 이해하는 듯 보이지만, 사실은 이 모든 과정이 중국어를 전혀 모르는 채로 매뉴얼에 따라서 진행된 것일 뿐이다.

설은 이것이 인공지능 컴퓨터가 질문에 답하는 방식이라고 보았다. 즉, 인공지능은 중국어를 전혀 '이해하지' 못하는데도 마치 중국어를 이해하는 것처럼 보일 수 있었다. 인공지능 연구자들은 인공지능이 마음을 가지고 '생각한다'고 주장했는데, 설은 이에 대해 인공지능이 '생각한다', '사고한다'고 말 할 수 없다면서 이런 논변을 제시했다. 설은 인간처럼 생각하는 인공지능을 "강한 인공지능", 체스를 두는 인공지능을 "약한 인공지능"으로 구분해 인공지능 연구자들이 만들었다는 인공지능은 모두 약한 인공지능에 불과하다고 주장했다.

인공지능 전문가 중 일부는 이런 철학자들의 비판에 응수하거나 이를 다시 역비판하기도 했지만, 다수는 이를 무시하거나 조롱했다. 컴퓨터 프로그램 한 줄도 써본 경험이 없는 비전문가인 그들의 비판에 귀를 기울일 필요가 없다는 이유에서였다. 스탠퍼드 대학교의 인공지능 연구팀은 드레이퍼스에게 자신들이 개발한 체스 프로그램과의 대국을 제안했는데, 체스를 잘 둔다고 자랑하던 드레이퍼스가 패하자 야유를 퍼부었다. 인지과학자와 철학자 중에는 설의 '중국어 방' 논변에 대해 비판을 하거나 대안을 내놓은 사람이 많았지만, 인공지능 연구자들은 설이 인공지능을 이해하지 못하는 철학자에 불과하다고 평가하면서 '중국어 방' 논변을 무시했다. 철학과 같은 인문학과 컴퓨터 과학 사이의 거리는 1959년 영국의 작가이자 과학자인 찰스 퍼시 스노Charles Percy Snow가 얘기한 "두 문화two cultures" 사이의 간극을 그대로 드러낸 것이었다.

인공지능 학계 내부로부터의 비판

그러나 인공지능 프로그래머들이 무시할 수 없는 비판도 있었다. 그 비판은 놀랍게도 대화 인공지능인 '일라이자'를 개발한 와이젠바움에게서 나왔다. 와이젠바움은 자신의 간단한 프로그램과 대화를 나눈 MIT 직원들이 이 프로그램을 진짜 사람이라고 착각하며 자신들의 사생활을 털어놓은 사실에 충격을 받았다. 그들은 자신들과 대화를 나눈 '의사'가 프로그램이었으며, 이 기록을 와이젠바움이 쉽게 볼 수 있었다는 사실을 알고는 화를 냈다. 와이젠바움은 이런 경험을 통해 자신의 인공지능 프로그램이 인간의 삶에 위협이 될 수 있음을 깨달았으며, 1972년 《컴퓨터 권력과 인간의 이성Computer Power and Human Reason》을 출판해 인공지능의 발전 속도를 늦춰야 한다고 주장했다.

와이젠바움은 인공지능 연구 초기에 제너럴 일렉트릭사에서 '뱅크오브아메리카'의 전산화 작업에 관여한 적이 있었다. 이 과정에서 그는 자신이 수행한 전산화가 수백만 명의 삶에 큰 영향을 줄 수 있음을 깨달았다. 자신은 효율적인 은행 업무를 위해 만든 것뿐인데, 이로 인해 사람들이 해고되는 사태가 발생했기 때문이다. 나중에 일라이자에 매혹된 사람들을 보면서, 그는 사람들

```
> Hello, I am Eliza.
* I am afraid.
> How long have you been afraid?
* Since midterms.
> Tell me more...
* I am afraid that I will fail
my course.
> Do you enjoy being afraid that
you will fail your course?
```

인공지능 프로그램 '일라이자'의 실제 대화 장면(캡처 화면).

모뎀을 통해 작동되는 컴퓨터를 시연하는 와이젠바움(1960년대).

이 컴퓨터가 제공하는 환영을 그대로 받아들이는 것이 충분히 가능하다고 생각했다. 일라이자 같은 인공지능은 실제로 아무런 감정이 없는데도 환자들은 실제 인간 의사가 마치 애정과 연민을 가지고 자신들과 상담하고 있는 것이라고 생각했기 때문이다.

인간만이 동정심 같은 감정적 요소를 포함시킨 지혜로운 선택을 내릴 수 있었다. 따라서 와이젠바움은 인간이 하는 중요한 결정을 인공지능이 대신하게 해서는 안 된다고 주장했다. 인공지능의 결정에는 감정이 결여되어 있기 때문이었다. 인공지능이 법관의 판결을 흉내 낼 수는 있지만, 법관의 역할을 하게 해서는 안 된다는 것이 그의 입장이었다. 인간의 마음은 오랜 역사를 통해 만들어졌을 뿐만 아니라, 몸과 밀접한 연관을 맺으면서 형성된 것이다. 따라서 이런 인간의 마음은 인공지능에 의해 정확하게 모사될 수 없었다. 인공지능은 인간이 그 한계와 장점을 정확히 파악할 때 인간에게 유용한 도구가 될 수 있다는 것이 그가 내린 결론이었다.

인공지능 연구자들은 와이젠바움의 이런 비판을 당혹스러워 했다. 그가 누구보다도 컴퓨터와 인공지능을 잘 아는 전문가였기 때문이다. 일군의 연구자들은 인공지능이 인간의 편견을 공유하지 않기 때문에 결정을 내리는 데 유용한 도구가 될 수 있다고 반박했다. 다른 한편에서는 완벽하게 결과를 예측하는 프로그램을 만드는 것은 불가능하다는 것을 인정하면서도, 인공지능의 발전을 멈추기보다는 이를 발전시키면서 그 영향을 매 단계마다 평가하는 것이 유일한 현실적인 방법이라고 했다. 와이젠바움의 비판은 인공지능 연구자들에게 자신들이 개발한 알고리듬의 한계를 다시 생각하게 했다.

현재와 미래의 인공지능

전체적으로 평가할 때, 1960년대부터 1970년대까지 인공지능 연구자들은 인공지능에 대한 비판을 심각하게 받아들이지 않았

사물인터넷 기술은 집안의 제품을 원격제어하는 분야에서 빠른 속도로 일상생활에 자리 잡아가고 있다.

다. 이들은 새처럼 날지 않아도 날기만 하면 된다는, 즉 인간처럼 생각하지 않아도 생각만 하면 된다는 철학을 가지고 연구에만 전념했다. 1980년대 이후 인공지능에 대한 과도한 기대가 한풀 꺾이고 기호 인공지능의 문제점이 더 확연하게 드러나면서, 연구자 공동체 내에서도 이런 비판들이 재조명되었다. 드레이퍼스나 설의 이름을 직접 언급하지 않더라도 인공지능 연구자들은 자신의 논의에 이러한 비판과 대안을 반영하기 시작했다. 이들은 인간의 지식과 행동의 맥락을 인공지능 프로그램에 삽입하려고 노력했다. 또 인공지능이 무엇을 '안다', '이해한다', '자각한다'라는 표현을 좀 더 신중하게 사용하기 시작했다.

2010년 이후 인공지능은 다시 르네상스를 맞았다. 자율주행자동차가 면허를 획득하고, 알파고가 이세돌 국수를 4 대 1로 이겼다. 사물인식 프로그램의 경우, 오류가 1.5%로 줄어 인간보다 정확해졌으며, 인공지능을 통한 번역도 훨씬 더 매끄러워졌다. 인공지능 비서, 인공지능을 이용한 (책, 영화 등의) 취향 판단, 인공지능을 이용한 결정이 여러 영역에서 사용되고 있다. 철학자 중에는 미래에 초지능이 도래해서 인류에게 해를 입힐 것을 걱정하는 사람들도 있다.

앞서 보았듯이 초지능의 문제는 먼 미래 얘기이며, 실제로 초지능이 도래하지 않을 가능성도 크다. 현재 우리가 당면한 문제는 인공지능의 발전으로 인한 실업의 가능성, 빅데이터의 편향에서 발생하는 인공지능의 편향과 편견 문제, 빅데이터와 인공지능에 의한 프라이버시 침해 등이다. 이 문제들은 과학기술자, 인문학자, 시민운동가, 정치인과 관료, 예술가, 그리고 시민사회 구성원들이 함께 참여해 해결해야 한다.

오늘날 인공지능이 낳은 이런 윤리적 문제들이 중요하고 심각한 문제로 평가되면서 와이젠바움의 비판이 주목받고 있다. 그는 우리가 인공지능의 장점과 한계를 정확하게 인식하는 것이 인공지능의 혜택을 취하는 지름길이라고 주장했으며, 사회가 인공지능을 받아들이지 못하는 상황에서는 인공지능 연구 속도를 늦추든가 아니면 잠시 멈추자고 주장했다. 이는 지금 우리에게도 시사하는 바가 크다. 시인 바이런이 얘기했듯이, "미래에 대한 최선의 예언자는 과거"이다.

인공지능에 대한 낙관론이 넘쳐나는 지금 와이젠바움의 주장은 우리 시대에 절실한 '느린 과학slow science'의 가치를 제공한다. 느린 과학이란, 과학기술의 발전이 낳는 여러 가지 사회적 결과에 대해 충분히 논의하고 과학의 발전 속도와 방향을 시민사회가 참여해서 정하는 것을 말한다. 과학기술의 발전을 멈추자는 얘기가 아니다. 과학기술의 발전이 우리 사회를 어떤 방향으로 몰아가고 있는지, 이 방향이 후세대를 위해 바람직한 것인지를 고민하면서 발전을 꾀하자는 얘기다. 이는 기술을 엔지니어의 전유물로 보고 기술을 통제하기만 하려는 입장을 극복하고, 기술과 인간이 공존하는 사회를 꿈꾸는 탈인간중심주의적 기술철학이다. 인공지능에 대한 포스트휴먼 감수성은, 인공지능의 한계와 장점을 잘 파악하고, 인간의 가능성과 한계를 고민하면서 인간과 인공지능의 상생적 관계를 조심스럽게 모색하는 것이다.

13장

동물은 기계가 아니라는 새로운 감수성이 출현하다

"나는 생각한다, 고로 나는 존재한다"라는 명언을 남긴 근대 철학자 데카르트는 동물을 복잡한 기계와 다름없다고 생각했다. 솜씨 좋은 장인이 마치 스스로 움직이는 것 같은 자동기계장치를 만들듯이, 신이 만든 자동인형이 바로 동물이라는 것이다. 인간도 그 절반은 이런 자동기계와 다름없었다. 인간의 육체는 마치 동물처럼, 복잡한 기계에 불과했기 때문이다. 그러나 그는 인간이 육체와 독립적으로 존재하는 정신을 가지고 있다는 점에서 동물과는 다르다고 보았다. 정신은 우리에게 이성과 의지를 가능케 했다. 사람이 말을 하고, 외부 자극에 아픔을 느끼고, 빛의 파장에 따른 붉은 노을을 인지하는 것은 이런 정신의 작용이다. 데카르트의 정신은 우리가 주관적으로 경험하는 마음이자 인간과 신을 이어주는 영혼이었다.

데카르트에서 다윈까지

데카르트에 따르면 동물은 정신도, 마음도, 영혼도 없는 기계이므로 말도 못하고, 아픔도 느끼지 못하고, 사과의 붉은색을 느낄 수도 없었다. 개를 때렸을 때 개가 깨갱 소리를 내는 것은 아파서가 아니라, 마치 시계를 밟았을 때 우지끈 소리가 나는 것과 같았다. 데카르트의 후계자들 중에는 개를 산 채로 해부하고 피의 순환에 대해 논의하며 즐거워하던 사람들이 있었는데, 이들이 이럴 수 있었던 이유는 기계에 불과한 개는 아픔을 느낄 수 없다고 확신했기 때문이다.

진화론이 나오기 이전에도 동물이 기계에 불과하다는 데카르트의 주장을 비판하던 사람들이 있었다. 18세기 프랑스 계몽사상가 콩도르세는 개를 키우고 있는 자신의 경험에 근거해서 개가 인간과 같은 감정을 느끼지 못한다는 것은 거짓말이라고 데카르트의 동물기계론을 비판했다. 영국의 공리주의 철학자 제러미 벤담Jeremy Bentham은 동물이 말을 하는지, 생각을 하는지 생각하기보다 '동물이 고통을 느끼는가'를 먼저 물어야 한다고 주장했다.

19세기 중엽 진화론이 나오면서 인간-동물의 연속성이 강조되었다. 찰스 다윈은 동물로부터 진화한 인간에게 동물성이 있는

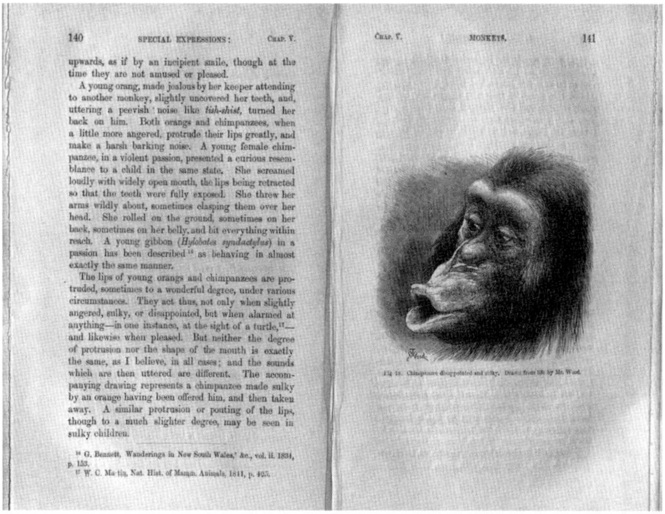

140 SPECIAL EXPRESSIONS: CHAP. V.

upwards, as if by an incipient smile, though at the time they are not amused or pleased.

A young orang, made jealous by her keeper attending to another monkey, slightly uncovered her teeth, and, uttering a peevish noise like *tish-shist,* turned her back on him. Both orangs and chimpanzees, when a little more angered, protrude their lips greatly, and make a harsh barking noise. A young female chimpanzee, in a violent passion, presented a curious resemblance to a child in the same state. She screamed loudly with widely open mouth, the lips being retracted so that the teeth were fully exposed. She threw her arms wildly about, sometimes clasping them over her head. She rolled on the ground, sometimes on her back, sometimes on her belly, and bit everything within reach. A young gibbon (*Hylobates syndactylus*) in a passion has been described[16] as behaving in almost exactly the same manner.

The lips of young orangs and chimpanzees are protruded, sometimes to a wonderful degree, under various circumstances. They act thus, not only when slightly angered, sulky, or disappointed, but when alarmed at anything—in one instance, at the sight of a turtle,[17]—and likewise when pleased. But neither the degree of protrusion nor the shape of the mouth is exactly the same, as I believe, in all cases; and the sounds which are then uttered are different. The accompanying drawing represents a chimpanzee made sulky by an orange having been offered him, and then taken away. A similar protrusion or pouting of the lips, though to a much slighter degree, may be seen in sulky children.

[16] G. Bennett, Wanderings in New South Wales,' &c., vol. ii. 1834, p. 153.
[17] W. C. Martin, Nat. Hist. of Mamm. Animals, 1841, p. 405.

CHAP. V. MONKEYS. 141

Fig 18. Chimpanzee disappointed and sulky. Drawn from life by Mr. Wood.

실망하고 골난 침팬지. 다윈의 저서 《인간과 동물의 감정 표현》(1872)에 실려 있다.

만큼, 동물도 인간이 지닌 이른바 '인간성'의 여러 특성을 가지고 있다고 주장했다. 동물도 다양한 감정을 느끼고 표현하며, 동물 세상에도 협동과 이타성이 존재한다는 것이었다. 특히 다윈은 동물의 감정 표현이 인간의 감정 표현과 유사하다는 점을 들어서 동물도 인간과 마찬가지로 즐거움, 고통, 슬픔을 느낀다고 주장했다. 이런 유사성은 인간과 동물이 같은 진화의 시간을 겪어왔기 때문이다.

19세기에는 동물을 보호해야 한다는 주장이 등장했다. 그 시작은 동물 자체에 대한 관심이었다기보다 인간에 대한 관심에서 비롯되었다. 특히 동물 학대는 어린아이 같은 약자에 대한 학대로 이어질 수 있다는 주장에 힘입어 동물에 대한 가혹 행위를 금지하는 법률이 통과되었다. 서커스에서 동물을 때리면서 훈련시키는 것도 비판의 대상이 되었다. 이처럼 인간과 동물의 경계를 허물려는 노력은 20세기에도 지속되었다.

윅스퀼과 둘레세계: 진드기, 개, 달팽이… 그리고 인간

20세기 초 활동했던 비교생물학자 야콥 폰 윅스퀼Jakob von Uexküll은 다윈의 진화론을 받아들였지만, 다윈과는 다른 방식으로 인간-동물의 공통점을 찾으려 했다. 다윈이 통시적인 진화의 관점에서 공통점을 찾았다면, 그는 같은 공간 안에 살고 있는 인간과 동물의 공시적인 관계를 관찰했다. 결론부터 먼저 얘기하자면, 윅스퀼은 인간과 동물 모두 둘레세계Umwelt를 공유한다는 점에서 공통점이 있다고 보았다. 인간중심주의를 허물어뜨린 정도로 평가한다면, 윅스퀼의 주장은 다윈의 주장만큼이나 급진적이었다.

진드기에 대한 윅스퀼의 분석은 독창적이고 충격적이었다. 진드기는 시각, 청각, 미각이 없는 작은 절지동물이다. 교미를 마친 암컷은 온몸으로 빛을 지각해서 나무나 풀에 기어 올라간다. 자신이 올라갈 수 있는 가장 높은 곳까지 이르면 그곳에서 가만히 기다리다 낙산 냄새를 맡는 순간 밑으로 몸을 던져서 떨어진다. 거의 유일한 감각기관인 후각이 작용한 결과이다. 운이 좋아 동물의 털에 떨어지면, 바로 접촉감각을 이용해 기어가는 운동을 한다. 이렇게 해서 피부에 이르면 열지각으로 따뜻한 곳임을 지각하고, 여기에 머리를 박고 피를 빨아먹는다. 그러고는 알을 낳고 죽는다. 운이 없어서 동물의 등에 떨어지지 못한 진드기는 다시 풀이나 나무에 기어 올라가는 일을 반복한다. 이런 고된 일을 하려면 진드기는 오랫동안 먹지 않고 살아갈 수 있어야 하는데, 윅스퀼은 18년간 먹이를 먹지 않고도 살아남은 진드기가 있었다고 보고했다.

진드기는 포유류가 만들어내는 수백 가지 작용 중에서 낙산, 털의 자극, 온기라는 세 가지 자극만을 수용한다. 이 세 가지만이 진드기의 지각표지의 수용체가 된다는 얘기다. 이 자극으로만 구성된 세계가 진드기의 둘레세계다. 우리가 보기에 진드기를 둘러싸고 있는 세상은 매우 풍요로운데, 이 중 특정한 것만이 진드기의 둘레세계가 된다는 것이다. 왜 그럴까? 진드기에게는 자손의 번식을 위한 확실성이 풍요로움보다 더 중요하기 때문이다. 마찬

가지로 개의 둘레세계는 먹는 것을 중심으로 구성된다. 우리는 달팽이가 매우 느리다고 생각하지만, 달팽이의 둘레세계에서 정지와 운동은 인간이 감지하는 속도가 아니라, 달팽이가 감지하는 속도에 의해 결정된다. 따라서 달팽이에게 자신의 움직임은 느리지 않은 것일 수 있다.

웍스퀼은 같은 세상이 아이와 어른에게 어떻게 다르게 보이는가에 대한 심리학적인 자료도 제시했다. 아이들에게는 도깨비의 형상으로 보이는 떡갈나무가 나무꾼에게는 밑동만 보인다. 천문학자들에게 춤추는 것처럼 느껴지는 우주는, 생물학자들에게는 그저 행성과 항성의 집합체일 뿐이다. 행동학자들에게는 육체가 정신을 만들어내지만, 심리학자들에게는 거꾸로 정신이 세상을 구성한다. 어떤 과학자가 파악하는가에 따라 동일한 대상도 그 역할이 달라진다는 것이다. 웍스퀼은 이런 논의를 통해 각각의 주체는 주관적인 실재로 구성되는 세계에 살고 있으며, 둘레세계 역시 이런 주관적인 실재를 재현하는 것일 뿐이라고 결론지었다.

웍스퀼은 하이데거, 질 들뢰즈Gilles Deleuze, 조르조 아감벤Giorgio Agamben 같은 철학자들에게 큰 영향을 끼쳤다. 이들이 웍스퀼의 둘레세계라는 개념에 매료된 이유는 이것이 세상의 인식과 관련된 인간의 특권적 지위를 약화시킨다고 보았기 때문이다. 즉 인간은 인간이 파악하는 세계가 객관적으로 존재한다고 생각하지만, 이 또한 한 동물로서의 인간의 둘레세계에 지나지 않는다고 볼 수 있다. 윅스퀼은 다윈과는 다른 방식으로 인간-동물의 경계를 허물었다.

이런 윅스퀼의 독특한 '동물 철학'은 1980년대 이후 들뢰즈나 아감벤 같은 철학자들에 의해 세상에 알려졌고 지금도 동물에 관한 철학적 논의의 한 축을 이루고 있다. 그런데 동물권, 동물해방에 대한 논의는 훨씬 이전부터 시작되었다. 이런 논의는 20세기 발전한 공장식 축산에 대한 비판에서 출발했다.

공장식 축산에 대한 비판과 동물 권리론의 등장

20세기에 접어들면서 문명국가의 시민들은 공공장소에서 개싸움이나 닭싸움을 즐기는 일은 그만두었다. 그렇다고 동물에 대한 학대가 줄어든 것은 아니었다. 육류의 소비 증가에 따라 '공장식 축산factory farming'이 대규모로 확산되었다. 공장식 축산은 수요의 증가, 종의 개량, 축산 기술의 발전, 살충제와 항생제 개발 같은 과학기술의 발전이 결합하면서 이루어낸 결과였다. 또한 생리학이 발달하고 제약·화학 산업이 발전하면서, 실험에 사용되는 동물도 기하급수적으로 늘어났다. 축산, 도축, 동물실험과 관련한

공장식 축산 방식으로 사육되고 있는 닭의 모습.

해리슨의 저서 《동물 기계》.

윤리적 강령이 만들어지고 동물 학대를 금지하는 원칙이 다시 천명되었지만, 인간의 경제적 이윤을 추구하거나 인간의 생명을 구한다는 대의 앞에서 동물은 희생되어도 되는 존재였다. 진화론을 믿는 사람들도 동물에게 '권리'가 있다고 생각하지 않았다. 동물 스스로 자신의 권리를 말할 수가 없기 때문이다.

1961년 영국의 작가 루스 해리슨Ruth Harrison은 우연히 '동물에 대한 모든 잔인함에 대항하는 십자군 전사'라는 조직에서 발행한 팸플릿을 보게 되었다. 그녀는 팸플릿에서 공장식 축산을 비판한 글을 보고 직접 공장식 축산의 실태를 조사하기 시작했다. 해리슨은 공장식 축산이 지독하고 잔인한 방식으로 이루어지고 있다는 사실에 큰 충격을 받았다. 그러던 중 생물학자 레이첼 카슨Rachel Carson의 저서《침묵의 봄Silent Spring》(1962)이 큰 반향을 불러일으키는 것을 목도하면서, 해리슨은 공장식 축산의 실태를 고발한《동물 기계Animal Machines》(1964)를 출판했다. 이 책의 서문은 해리슨의 부탁을 받은 카슨이 집필했다.

또한 카슨이 자신의 글을《뉴요커》에 연재해 환경문제의 심각성을 널리 알렸던 것처럼 해리슨도《동물 기계》의 내용을 신문에 연재해 공장식 축산의 폐해를 더 많은 사람에게 알리고자 했다. 그녀는 공장식 축산이 "태양을 전혀 보지 못하는 어둠 속에서, 움직이지 못하는 상태로" 동물을 사육하며, 이런 축산은 "동물을 인간을 위한 양식으로만 보는" 사람들을 길러낸다고 비판했다. 해리슨의 책은 많은 공감을 얻었으며, 그 영향으로 영국 정부는 동물복지자문위원회를 구성해 해리슨을 위원으로 선임했다. 이 위원회의 활동은 1968년에 '농업법'이 탄생하는 데 큰 역할을 했다.

《동물 기계》가 잔인하게 이루어지는 공장식 축산에 대한 세상의 경각심을 불러일으키는 데 큰 역할을 했지만, 해리슨의 비판 곳곳에는 인간중심주의가 자리 잡고 있었다. 예를 들면, 그녀는 공장식 축산이 고기의 맛과 질을 떨어뜨리고, 이렇게 생산된 육류가 사람의 건강에 좋지 않은 영향을 미친다고 주장했다. 공장식 축산을 폐기해야 하는 이유가 결국 사람이 건강한 고기를 먹게 하는 데 있었다. 그렇지만 《동물 기계》를 읽은 독자들 중에서는 해리슨을 넘어서 더 급진적인 생각과 주장을 하는 사람들도 나타났다.

해리슨의 영향을 받은 작가 브리지드 브로피Brigid Brophy는 1965년 《선데이 타임스》에 〈동물 권리Rights of Animals〉라는 글을 기고했다. 그녀는 이 글에서 인간과 동물의 관계가 인간이 동물의 노동을 이용하고, 동물을 먹고, 입고, 희생양으로 삼고, 과학 실험에 동원하는 식의 일방적인 착취 관계라고 비판했다. 그리고 선악에 대해 철학적 고민을 했던 그리스 철학자들이 노예제의 비도덕성은 간과했듯이, 지금 우리도 인간이 동물에 가하는 억압에 내재

브로피와 그녀의 대표작 《핵켄펠러의 원숭이Hackenfeller's Ape》. 로켓 발사에 실험용으로 사용되는 원숭이를 구하는 내용의 소설이다.

된 비도덕성을 알지 못할 뿐이라고 주장했다. 브로피는 동물에게도 인간과 비슷한 '권리'가 있다는 것을 강조하면서 동물의 권리가 무시되고 심각하게 침해당하고 있다고 폭로했다.

리처드 라이더Richard Ryder는 옥스퍼드에 위치한 정신병원의 임상 심리학자였다. 그는 해리슨의 책과 브로피의 기고문에 자극을 받아, 과학 실험에서 수많은 동물이 잔인하게 사용되고 있다고 폭로한 글(1969)을 《텔레그래프》지에 기고했다. 대학에서 이루어지는 동물실험 당사자인 그의 폭로는 충격적이었다. 라이더는

1970년 인간에 의한 동물 학대와 착취를 '종차별주의speciesism'라고 명명했다.

라이더의 기고를 본 브로피는 그를 옥스퍼드 대학원에서 철학을 공부하던 젊은 철학자들과 연결해줬다. 이 철학자들은 관념적인 철학이 아니라 실천적이고 세상을 바꾸는 데 도움이 되는 주제를 찾던 중 세간의 관심사였던 동물 학대 문제를 철학적으로 분석하는 데 눈을 돌리게 되었다. 이들 '옥스퍼드 그룹'은 여러 글을 모아서 동물의 권리, 즉 '동물권'에 대한 책을 편집하기 시작했다.

동물권에서 동물해방으로

옥스퍼드 그룹 회원들이 '동물권'에 관한 책을 편집하고 있을 때, 오스트레일리아 멜버른 대학교의 철학 교수 피터 싱어Peter Singer는 자신이 박사학위를 받았던 옥스퍼드 대학교에서 안식년을 지내고 있었다. 이 무렵 새롭고 흥미로운 연구 주제를 물색하던 싱어는 '동물권animal rights'을 주장하던 옥스퍼드 그룹 회원들과 어울렸다. 옥스퍼드 그룹 회원들은 싱어에게 자신들의 입장을 철학적으로 정당화하는 데 필요한 질문을 하며 의견을 구했다. 싱어는 이들의 논문에 대해 논평을 해주면서 동물의 평등권과 생명권

옥스퍼드 그룹 회원들이 편집해 펴낸《동물, 인간, 도덕》.

에 눈을 뜨게 되었고, 이후 채식주의자가 되었다. 옥스퍼드 그룹의 글을 모은 책은 1971년《동물, 인간, 도덕Animals, Men and Morals》으로 출판되었다. 싱어와 옥스퍼드 그룹 회원들은 이 책이 큰 반향을 불러일으키리라고 기대했지만, 이들의 기대는 빗나갔다. 대중서가 아니었던 만큼 이 주제에 본래 관심을 가진 사람들을 제외하면 독자가 거의 없었다.

안식년을 마치고 오스트레일리아로 돌아간 싱어는 이 책에 대한 반응이 시원치 않다는 소식을 듣고 자신이 할 수 있는 일을 모색했다. 싱어는 미국의 서평지로 수준 높은 교양인과 지식인 사이에서 큰 영향력을 지닌《뉴욕 리뷰 오브 북스》에《동물, 인간,

도덕》의 긴 서평을 썼다. 이 서평은 '동물해방Animal Liberation'이라는 도발적인 제목을 달고 있었으며, 다음과 같은 선언으로 시작했다.

> 우리는 흑인·게이 해방과 다른 여러 운동에 친숙하다. 여성해방과 함께, 몇몇 사람들은 우리가 해방의 마지막에 도달했다고 생각했다. … 《동물, 인간, 도덕》은 동물해방운동을 위한 선언이다.

1960년대 여성해방운동, 인종차별철폐 운동의 바람이 미국과 유럽의 여러 나라를 강타했다. 여성과 유색인 들은 선거권만이 아니라 사회, 경제, 교육의 모든 영역에서 백인 남성과 동등한 권리를 주장했다. 이런 운동들은 사회를 순식간에 바꾸어버렸다. 동성애에 대한 차별과 편견을 철폐하는 운동이 뒤를 이었다. 싱어는 이런 일련의 해방운동에서 아직 끌어안지 못한 '동물해방'이 남아 있으며, 《동물, 인간, 도덕》은 동물 해방을 주장하는 책이라고 소개했다. 동물해방은 인간이 다른 종을 착취하는 것이 자연스럽고 어쩔 수 없다고 보는 태도에서 벗어나, 이것을 동물에 대한 도덕적 유린으로 보는 태도로의 변환을 의미했다. 인간에게만 국한되던 자유, 평등, 박애의 원리를 동물에게도 동일하게 확산해야 한다는 것이었다.

싱어와 《동물해방》.

싱어의 서평은 미국 지성계에 큰 반향을 불러일으켰고, 그는 이 서평을 확장해서 1975년 《동물해방Animal Liberation》을 출판했다. 이 책은 전 세계의 주목을 받았을 뿐만 아니라 인간과 동물의 관계를 근본적으로 바꾸어버린 책으로 평가되었다. 많은 사람이 이 책을 읽고 동물에 대해 다시 생각하게 되었다. 일례로, 헨리 스피라Henry Spira는 싱어의 책을 읽고 400여 개의 운동 단체를 규합해서는 동물실험 비판운동을 조직했다. 그는 화장품의 피부 독성을 실험하기 위해 토끼의 눈에 화학물질을 발라서 토끼를 눈멀게 만드는 화장품 회사 레블론Revlon을 고발하는 전면 광고를 《뉴욕 타

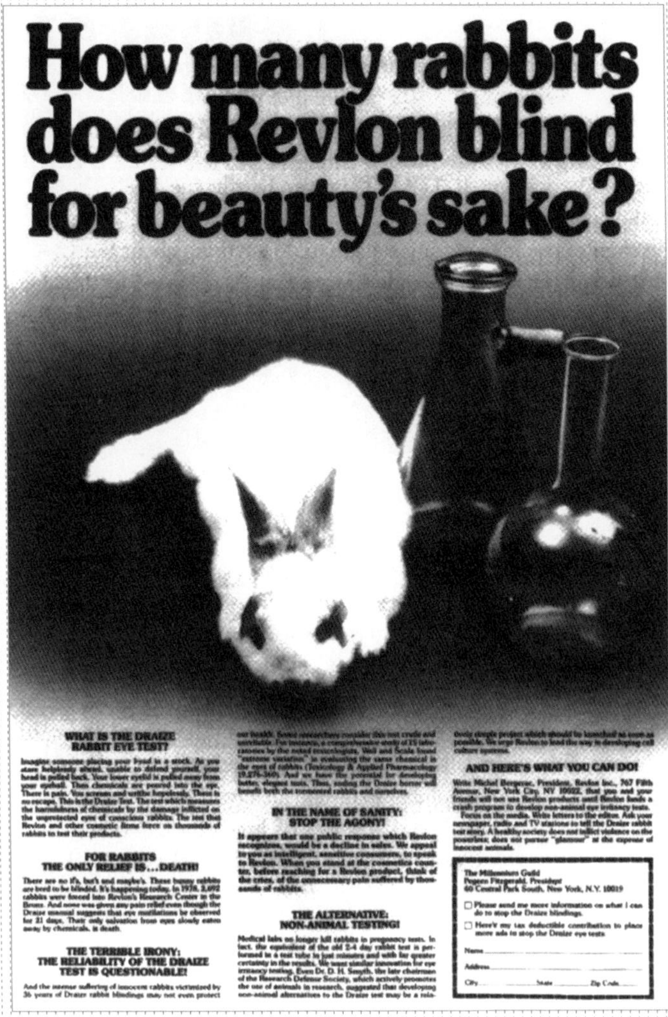

스피라의 주도로 실린 《뉴욕 타임스》의 전면 광고. '레블론은 아름다움을 위해 얼마나 많은 토끼를 눈멀게 할 것인가?'라는 문구가 적혀 있다.

임스》에 게재했다. 이런 운동은 동물실험을 하는 대학과 연구소에서 동물실험의 오용을 심사하는 IRB(임상시험 심사위원회)를 설립하는 계기가 되었다.

1980년대 이후 동물에 대한 이런 새로운 태도는 환경운동이 제창한 자연에 대한 새로운 태도와 결합했다. 이전에는 인간이 인간의 풍요, 복지, 생명을 위해 동물과 자연을 이용 또는 착취하는 것을 당연시했다면, 이제는 인간도 동물과 함께 지구를 잠깐 빌려 쓰는 존재로 봐야 한다는 인식이 싹트기 시작했다. 인간 중심의 휴머니즘에서 벗어나 동물과 같은 비인간과 공존하는 세계관이 대두된 것이다. 또한 자연의 무생물과 기계에 대한 생각도 바뀌었다. 기계로 여겨온 동물에게도 인간과 동등한 권리가 있다는 도발적인 주장이 대세를 이루면서 심지어 자연과 로봇 같은 기계에도 권리를 부여해야 한다는 목소리도 등장했다. 인간이 다른 종의 권리를 존중하고 이들과 더불어 살아가야 한다는 포스트휴머니즘의 큰 줄기가 이렇게 등장했다.

14장

가이아,
지구에 대한
거대한 비전이
만들어지다

1968년 아폴로 8호 조종사 윌리엄 앤더스William Anders는 달의 주위를 돌면서 우주선 창밖의 경관을 보다가 소리를 질렀다. "오! 하느님. 저 그림 좀 봐. 지구가 떠오르고 있어. 아! 정말 아름답군!" 그는 달의 지평선 위로 떠오르는 지구를 카메라에 담았다. 검은 우주를 배경으로 한 채, 신비한 푸른색 지구가 절반 정도 솟아오르고 있었다. 지구에서 달이 뜨고 지는 모습은 수도 없이 보아왔지만, 달의 지평선 너머로 지구가 떠오르는 '지구돋이Earthrise' 장면은 지구라는 행성이 얼마나 신비스럽고 생명력이 있는지, 우리 인간이 함부로 할 수 없는 존재임을 역설하는 것 같았다. 자연 사진으로 유명한 미국의 사진작가 갤런 로웰Galen Rowell은 이 지구돋이 사진에 대해 "지금까지의 모든 사진 중 가장 영향력 있는 작품"이라고 평가했다.

1968년 아폴로 8호가 달 궤도에서 촬영한 '지구돋이'.

가이아, 죽은 지구에서 살아 있는 지구로

그로부터 몇 년이 지난 1972년, 학술지 《대기 환경Atmospheric Environment》에서 일반적인 과학 논문의 제목과는 좀 다른 제목의 논문이 눈길을 끌었다. 영국의 과학자 제임스 러브록이 쓴 〈대기권 분석을 통해 본 가이아 연구Gaia as Seen Through the Atmosphere〉인데, 그는 이 논문에서 지구의 생물권biosphere이 물리·화학적인 환경과 상호작용을 해서 환경을 생명체가 살기에 적절한 방식으로 바꾸어왔다고 주장했다. 과학계에서는 이 같은 주장을 받아들이기 어려웠는데, 그는 여기에 한 술 더 떠 이런 생물권을 포함한 지구 전체가 살아 있는 존재이므로, 이런 지구를 고대 그리스 신화에 나오는 대지의 여신인 '가이아'라고 불렀다.

러브록은 대학에 적을 두고 있지 않았지만, 캘리포니아의 '제트추진연구소'에서 일을 하면서 나사 프로젝트와 관련한 연구를 진행하기도 했다. 1960년대 그가 맡았던 일 중 하나가 화성 대기의 물리·화학적 성질을 분석하는 것이었다. 당시 과학자들은 금성이나 화성의 대기가 생명체가 살기에 적절하지 않다는 것을 알고 있었다. 이산화탄소가 대부분이고 산소와 질소는 아주 적기

Atmospheric Environment Pergamon Press 1972. Vol. 6, pp. 579–580. Printed in Great Britain.

LETTER TO THE EDITORS

GAIA AS SEEN THROUGH THE ATMOSPHERE

THE CLIMATE and the chemical composition of the Earth is usually said to be uniquely favourable for life; indeed, it is not commonly known how small are the changes which might render the planet unsuited for the contemporary biota. An increase in oxygen concentration to 25 per cent would so increase the probability of fires that even tropical rain forests might be in hazard. A change in atmospheric pressure of 10 per cent, assuming that the composition remained unchanged, would cause a change of 4°C in the mean surface temperature; enough to set the world on an unfavourable climatic course. These are but two examples chosen from many which might show just how well suited is the environment of Earth for life. Or, is it more probable that the biosphere interacts actively with the environment so as to hold it at an optimum of its choosing?

'가이아' 개념을 처음으로 제창한 러브록의 논문 〈대기권 분석을 통해 본 가이아 연구〉의 첫 문단.

때문이다. 이와는 달리 지구의 대기는 생명체가 살기에 적절할 정도로 산소가 풍부하다. 이런 사실은 과학을 하는 사람이라면 누구나 알고 있는 상식이다.

러브록은 화성과 지구의 대기를 비교하면 할수록 지구의 대기 구성이 독특하다는 것을 깨달았다. 지구에는 산소와 메탄이 공존하는데, 이런 구성이 자연적으로 일어날 확률은 희박하다. 화산은 끊임없이 이산화탄소를 내뿜는 데 반해 놀랍게도 지구 대기 중 이산화탄소의 농도는 낮다. 또한 번개가 칠 때마다 질소와 산소가 반응해 질산의 형태로 대양에 흡수되어야 하는데, 지구 대기 중에 질소 농도는 높게 유지되고 있다. 이 모든 현상은 화성과 달리 지구에 생명체가 존재하는 것과 관련이 있다. 그는 천문학자 칼 세이건Carl Sagan과 대화를 나누다가 섬광 같은 아이디어가 떠올랐다. "지구의 대기가 이런 것은 생명체에 의해 조정이 되기 때문이에요! 끊임없이 이를 조정하는 생명체가 없다면 지구의 대기는 지금처럼 일정한 구성을 가질 수 없어요!" 세이건은 말도 안 된다고 일축하면서도 한마디 덧붙였다. "어쩌면 당신 얘기에 뭔가가 있을지 몰라요."

지구의 대기가 생명체가 살기에 적합하다는 것은 의심할 여지가 없는 사실이었지만 러브록은 이를 뒤집어 생각했다. 지구의 대기가 이렇게 독특한 것은 생명이 있기 때문이 아닐까? 환경의 진화가 생명체의 진화와 멸종을 결정했다면, 거꾸로 지구상에 존재했던 생물권 전체는 생명체 진화에 적절한 환경을 유지하는 방식으로 지구의 대기, 대양, 암석의 진화에 영향을 주었다고 볼 수도 있지 않을까? 이런 생각은 과학철학자 토머스 쿤의 용어를 빌리면 '패러다임의 전환paradigm shift'이었다. 총체적으로 보면 지구는 스스로 조절하는 시스템이고, 러브록이 볼 때 지구는 '스스로 조절하는 유기체self-regulating organism', 즉 살아 있는 존재라고 간주하기에 충분했다.

여기까지 생각한 러브록은, 지구가 암석, 대양, 대기 그리고 모든 생명체를 포괄하는 유기체와 비슷한 시스템이라는 자신의 주장을 '바이오사이버네틱 보편 시스템적 경향/항상성'이라는 과학적인 개념으로 집약하려고 했다. 그러던 어느 날 러브록은 우체국에 다녀오다가 지인이자 이웃인 노벨 문학상 수상자 윌리엄 골딩William Golding을 만났다. 골딩은 러브록에게 근황을 물었고, 러브록은 자신의 고민을 얘기했다. "선생님이 그런 고민을 한다면, 생명체로서의 지구라는 멋진 이름이 필요하겠네요." 골딩은 덧붙였다. "가이아가 어때요?" 러브록은 처음에 골딩이 소용돌이라는 뜻의 자이어gyre를 말하는 줄 알았다. 알고 보니 그리스 신화에 나오는 대지의 여신 가이아였다. 자신의 과학적 주장에 신화적인 이름을 붙이는 걸 처음에는 주저했지만, 결국 가이아를 선택했고, 이 선택은 뜻하지 않은 결과를 낳았다.

그는 자신의 주장을 이론이 아니라 '가이아 가설'이라고 불렀다. 1970년대에 가이아 가설에 큰 관심을 보인 사람들은 과학자가 아니라 신학자였다. 신학자들은 지구의 환경이 조화롭게 유지되고 있다는 사실에서 신의 섭리를 발견할 가능성을 보았기 때문이다. 가이아 가설에 끌린 또 다른 사람들은 1970~1980년대 유행했던 신비주의 신봉자들인 뉴에이지 그룹이었다. 이들은 마치 지구가 영적인 존재처럼 살아 있다는 주장을 좋아했다. 가이아 가설에 매료된 또 다른 그룹은 (역설적으로) 환경오염을 정당화하려던 기업가들이었다. 이들은 스스로 조절하는 가이아가 인간의 산업 활동 과정에서 배출된 오염물질을 정화하고 다시 평형과 균형을 되찾으려는 자체 항상성을 지니고 있다고 주장했다. 실제로 가이아 가설은 이런 식으로 해석될 여지가 있었는데, 러브록과 함께 가이아 가설을 정교하게 만든 생물학자 린 마굴리스Lynn Margulis는 가이아를 쉽게 무너지지 않는 "끈질긴 계집tough bitch"이라고 부른 적도 있다.

반면 과학계는 가이아 가설을 비판하거나 무시했다. 진화학자들은 생명체가 환경을 바꾸었다는 주장에 대해 진화론의 핵심 토대와 모순되는, 비과학적인 주장이라고 일축했다. 진화학자 존 메이너드 스미스John Maynard Smith는 가이아 가설을 '사악한 종교'라고 비판했다. 스티븐 제이 굴드Stephen Jay Gould와 리처드 도킨스Richard Dawkins는 진화학계 안에서는 앙숙 관계였지만, 가이아 가설을 비판하는 데에는 한목소리를 냈다. 도킨스는 지구 같은 행성은 진화적 선택의 단위가 될 수 없기 때문에, 지구를 생명체로 보거나 이를 진화했다고 보는 것은 어불성설이라고 주장했다. 굴드는 가이아가 은유metaphor일 뿐 진화의 메커니즘일 수 없다고 비판했다. 다수의 물리학자와 화학자는 가이아 가설이 신비주의, 사이비 과학, 종교의 탈을 쓴 과학이라고 생각했다.

가이아 가설의 가장 큰 문제는 이를 뒷받침할 만한 증거가 없다는 것이었다. 생명체가 살기에 적절한 지구의 대기 구성이 수십억 년 동안 이어진 생물권의 자기 조절 기능의 결과라는 주장에 대한 결정적 증거가 없었다. 지금의 현상에서 가설을 만들어 낼 수는 있어도 이를 테스트하기 위해서는 독립적인 증거가 필요했다. 비판이 거세지던 1990년대 초 러브록은 '가이아'라는 이름을 버리는 것에 대해 심각하게 고민했다. 이 명칭에는 장점보다 단점, 심지어 해악이 더 많다고 생각했다. 가이아라는 이름을 포기할지 모른다는 소식을 전해 들은 환경전문기자 프레드 피어스Fred Pearce는 과학 잡지 《뉴사이언티스트New Scientist》에 〈가아아여, 가이아여, 가지 마소서〉라는 글을 기고했다. 그 글의 마지막은 이렇게 끝난다.

> 은유로서의 가이아, 과학적 질문의 촉매제로서의 가이아, 틀림없는 진리로서의 가이아, 지구 여신으로서의 가이아. 그녀가 무엇이든 그녀를 간직하자. 만약에 과학이 이 거대한 비전을 수용하지 못한다면, 만약 가이아가 《네이처》지에서 그 이름을 말하지 못한다면, 과학이여 창피한 줄 알라. 짐(제임스 러브록을 칭함), 이를 철회하는 것은 끔찍한 일이야. 그러지 말게나.

살아 있는 지구에서 죽은 지구로 – 17세기 과학혁명

1970년대 사람들은 지구가 살아 있는 유기체와 같다는 가설이 너무나 비과학적이어서 논의할 가치가 없다고 생각했을 수도 있다. 그렇지만 불과 몇백 년 전만 해도 사람들은 지구가 살아 있는 유기체와 흡사하다고 생각했다. 지구뿐만 아니라 우주 전체를 생명체로 여겼다. 당시 사람들에게 지구나 우주가 죽었는지 혹은 살아 있는지를 물어보면 대부분 살아 있다고 답했을 것이다.

이런 세계관은 16~17세기 '과학혁명' 시기에 격변을 겪었다. 여기에는 여러 가지 이유가 있었는데, 그중 하나는 신성한, 생명을 가진 '어머니 지구'라는 이미지가 지구의 자원을 개발하는 데 방해가 되었기 때문이다. 철학자 몽테뉴는 "우리 어머니 자연을 그 장엄함과 영광 속에 응시할 줄 아는 사람만이 사물의 진정한 가치를 논할 수 있다"고 주장했다. 당시 산과 땅을 깊게 파서 광석을 채취하는 채굴에 대해 어머니 지구를 유린한다고 비판하는 사람들도 있었다. 금은은 물론이고 철광석과 석탄을 채굴하는 광산을 운영하는 사업가들 입장에서는 이런 비판적인 시선이 달가울 리 없었다. 독일의 광물학자 게오르기우스 아그리콜라Georgius Agricola는 《데 레 메탈리카De re metallica》에서 지구를 깊게 파는 채

아그리콜라가 쓴 《데 레 메탈리카》에 실린 그림으로, 광부들이 채굴하는 모습을 그린 것이다.

굴이 없다면 문명은 다시 손톱으로 뿌리를 파먹는 저주받은 삶으로 되돌아갈 것이라고 경고했다.

채굴을 비롯한 지구 자원의 탐욕적인 이용을 정당화하는 방법은 지구가 죽었다고 보는 관점을 확립하는 것이었다. 그리스 철학 중에서 르네상스 시대에 부활해 16~17세기 근대 과학자들이 공유한 그리스 원자론에 따르면 물질은 수동적이고 무작위로 움직이는 원자들의 이합집산이 만들어낸 결과였다. 지구와 같은 거대한 존재, 심지어 우주 전체도 이런 물질의 총합에 불과했다. 시간을 알려주는 시계를 분해해보면 작은 부품들의 합에 불과하듯이, 자연이나 우주도 이런 부품들의 합으로 이루어진 복잡하고 거대한 기계와 다름없었다. 영국의 철학자 베이컨은 이런 자연을 이용해 인간의 복지를 증진시켜야 하며, 국가는 이를 지원해야 한다고 주장했다. 그는 지식의 응용을 통해 "인류의 끝없는 무력감과 빈곤을 극복할 수 있는 축복받은 영웅 또는 슈퍼맨"이 탄생할 수 있으며, 인간이 마치 신처럼 우주를 지배하는 힘을 얻을 수 있을 것이라고 전망했다. 조금 뒤에 철학자 새뮤얼 하트리브Samuel Hartlib는 과학의 진보로 인간이 불멸하게 될 것이라고 낙관했다.

자연에 대한 정복은 원자론을 계승해서 부상한 '기계적 철학'에 의해 철학적으로 정교하게 뒷받침되었다. 프랑스의 철학자 르네 데카르트는 세계가 수동적인 물질과 능동적인 정신으로 이루어져 있는데, 정신은 인간만의 특성이라고 강조했다. 물질 세상은 심지어 동물까지도 복잡한 자동기계에 불과했다. 데카르트는 무신론을 설파한다고 의심받았지만, 영국의 과학자 로버트 보일Robert Boyle은 물질세계가 생명력이 없이도 움직이는 원자로 구성되었다는 주장이 신학적으로도 옳다고 주장했다. 세상이 죽어야 살아 있는 신의 전능성이 더욱 강조되고, 신이 인간에게 부여한 독특한 능력, 즉 세상의 모든 존재를 지배할 수 있는 능력이 더욱 진가를 발휘할 터였다. 채굴과 실험 과학은 동시대에 부상해 더

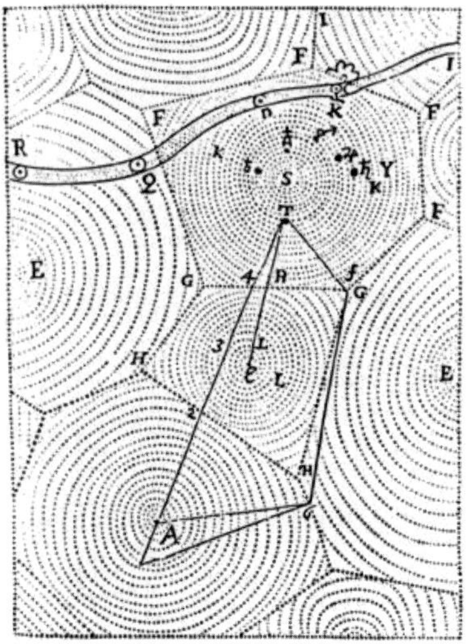

데카르트가 개념화한 우주. 눈에 보이지 않는 입자들의 소용돌이가 태양(S)을 둘러싸고 있는 태양계 행성들의 규칙적인 움직임을 만들어낸다.

깊이 파헤쳐야 보물(진리)을 얻을 수 있다는 동일한 철학에 의해 정당화되었다.

이와는 다른 입장도 있었다. 세상에 생명체가 존재하고, 이 생명체 역시 물질로 이루어져 있어서 물질 자체에 생명체가 지닌 특성이 내재한다고 보는 입장이었다. 스피노자Spinoza, 라이프니츠Leibniz 같은 철학자들은 물질에 느끼는sentient 능력이 있다고 주장했다. 그렇지만 근대 과학을 주도한 과학자들은 이런 주장이 과학적으로 틀렸을 뿐만 아니라, 종교적으로도 신을 모독하는 불경한 주장이라고 비판했다. 18세기에 이르면 물질 자체에 생명력이 있다는 주장은 가장 위험한 유물론으로 폄하되었다. 이런 주장을 하는 사람들은 학문적 비판의 대상이 된 데다 목숨을 위협받기도 했다. 지구와 우주는 원자들의 이합집산이 만들어낸 존재로, 생명력이 없는 죽은 존재라고 확실히 각인되었다. 자연은 인간이 무한정 이용할 수 있는 '자원의 보고' 그 이상도 그 이하도 아니었다.

다시 가이아로

근대적 자연관은 철저하게 인간 중심적이었던 만큼 이 속에서 의지를 가진 유일한 행위자는 인간이었다. 다른 동식물과 환경은 인간을 위해서 존재할 때만 가치가 있었다. 야생동물은 서서히 자취를 감추고 가축과 애완동물이 늘어났다. 어느덧 인간과 가축이 지구에 존재하는 동물의 대부분이 되었다. 지구의 물과 암석은 무제한으로 사용되었다. 이런 가운데 인간이 어떻게 자연과 조화를 이루며 살아야 하는가에 대한 고민은 뒷전으로 밀려났다.

가톨릭 신부이자 철학자였던 토머스 베리Thomas Berry는 이런 인간중심주의를 '문화적 자폐증'이라 불렀다. 문화적 자폐증은 인간이라는 종 자신이 우주의 중심인 작은 세상에 갇혀 있다는 의미로, 성장에 대한 추종, 탐욕과 소비에 대한 찬사, 개인주의의 팽배,

인간의 힘에 대한 과신, 한계를 인정하지 않는 태도, 기술에 대한 낙관론, 이윤과 효율을 절대시하는 철학 등이 '자폐' 증상에 포함되었다. 사이버네틱스 그룹의 일원이었던 베이트슨은 인간이 자연을 대하는 태도가 "교만의 기술"로 특징지워진다고 비판했다. 이는 인간과 환경의 적대적인 관계, 환경을 통제할 수 있다는 믿음, 개척지가 무한히 팽창할 것이라는 낙관론 등을 포함하고 있었다.

1990년대에 위기를 겪은 가이아 가설은 20세기 말부터 새롭게 부활했다. 지구과학을 통합적 관점에서 연구하던 과학자들은 대양의 플랑크톤이 독특한 역할을 한다는 사실을 밝혀냈다. 이 플랑크톤은 디메틸설파이드dimethyl sulfide, DMS라는 화학 물질을 방출하는데, 이 물질이 구름의 형성을 돕는다는 것이었다. 간단히 말하자면, 지구의 온도가 올라가면 플랑크톤은 더 많아지고, 따라서 더 많은 DMS가 방출되어 더 많은 구름이 만들어진다. 그런데 많은 구름은 지구의 온도를 식히는 결과를 가져온다. 반대로 지구가 추울수록 플랑크톤은 적어지고, DMS는 더 적게 방출되어 구름의 양이 감소된다. 이는 지구의 온도를 높이는 결과를 낳는다. 마치 체온이 올라가면 땀이 나서 체온을 식히는 생명체의 항상성처럼, 플랑크톤은 지구의 대기에 영향을 미쳐서 환경을 변화시킨다. 지구의 생명체와 대기가 서로를 조절하는 관계에 있다는 것이 과학적으로 설득력 있다고 판명된 것이다.

1998년 가이아 학회가 발족한 데 이어 2000년《네이처》는 "가이아 가설이 존경할 만한 것으로 스스로를 다시 드러냈다"고 평가했다. 지구의 생명계와 환경을 연구하는 과학자들은 가이아 가설에서 영감을 받았지만, 가이아라는 말을 사용하는 데에는 여전히 소극적이었다. 대신 이들은 '지구 시스템 과학'이라는 전문 용어를 새롭게 만들었다. 2001년 지구 시스템을 연구하는 과학자 1,500명이 '전지구적 변화에 대한 암스테르담 선언'에 서명했고, 이 선언에서는 "지구 시스템이 물리, 화학, 생물학적 구성 요소와 인간으로 구성된 단일하고 자기 조절적인 시스템처럼 행동한다"고 확인했다.

러브록은 1979년 바로 이런 지구의 자기 조절 시스템을 잘 표현하기 위한 은유로 가이아 가설을 제창했다. 이후 오랜 시간 동안 과학자들의 비판과 멸시를 받던 가이아는 결국 2000년대에 다시 과학의 영역으로 들어왔다. 그사이에 가이아는 많은 이의 상상력을 자극했다. 2015년 브뤼노 라투르는 인류세 시대의 여러 문제, 특히 기후변화 문제를 해결하기 위해서는 우리가 과학과 정치가 얽혀 있음을 이해해야 하며, 이런 새로운 이해를 상징하는 것으로 가이아 개념을 적극적으로 끌어안아야 한다고 강조했다. 이러한 과정을 종합적으로 평가하면, 가이아는 은유 이상의 역할을 수행했고, 미래에도 그럴 것으로 전망된다.

경쟁,
착취에서 공생으로

가이아가 던지는 메시지는 무엇인가? 러브록은 《가이아의 복수The Revenge of Gaia》(2006)에서 "인간의 복지만이 중요한 것인 양 행동하면서 우리의 나쁜 행동을 변명하는 짓을 그칠 때까지는 무엇이든 간에 더 이상의 발전을 논의한다는 것 자체를 용납해서는 안 된다"고 했다. 그의 동료이자 영국의 환경학자인 크리스핀 티켈Crispin Tickell은 "우리는 인구, 자원 이용, 폐기물 처리, 환경 등이 전반적으로 균형을 이루는 건강한 인간 사회를 궁극적 목표로 삼아야 한다"라며 "존경심과 경외심을 가지고 생명을 바라보아야 한다"고 강조했다.

이런 태도는 무엇을 의미하는가? 가이아 가설에 따르면, 생명체와 환경은 수십억 년에 걸쳐 꾸준히 협력하며 공진화(共進化)했고, 그 과정의 끄트머리에서 인간이 출현했다. 그런 인간은 다른 생명체, 환경과 관계를 맺으며 지구에 속해 있다. 인체의 100조 개가 넘는 미생물이 인간이 건강을 유지하는 데 중요한 역할을 하듯이, 인간이 지구라는 생태계 속에서 동물은 물론 다른 수많은 생명체와 연관을 맺으면서 살아가는 것이 가이아를 유지하는 데 무엇보다도 중요하다. 가이아 가설을 정교하게 만드는 데 공헌한 마굴리스는 "생명은 전투를 통해서가 아니라 연결망을 형성함으로써 지구를 접수했다"라고 말했다.

생존경쟁은 진화의 부분일 뿐, 공생과 협력이 생명체와 환경의 긴 진화 과정을 특징짓는 요소였음을 인식하는 것이 곧 가이아를 받아들이는 것이다. 이를 받아들이면 인간이 다른 인간들과, 다른 동물이나 기타 생명체와, 인공지능 같은 무생물이나 첨단 기술과, 그리고 지구 전체와 공생의 연결망을 만들어가면서 생존할 수 있다. 우리는 지금까지 우리가 살아온 방식대로 자연과 동물을 착취하며 살아서는 안 되고, 이런 존재들과 함께 조화롭게, 상생을 이루면서 살아갈 방법에 대해 깊은 고민을 시작해야 한다. 세계 인구 77억 명을 넘어서는 인구 폭발 시대, 지구의 온도가 지난 100여 년 동안 1℃ 가까이 상승한 지구온난화 시대, 태평양에 인도 대륙만 한 크기의 플라스틱 쓰레기 섬이 떠다니고 있는 인류세의 시대를 현명하게 살아갈 감수성에 대해서 말이다. 이런 철학적 태도가 바로 포스트휴머니즘이다.

에필로그

포스트휴머니즘과 인류세

우리는 이 책의 마지막 장을 인간과 가이아라는 지구의 관계에 대한 새로운 이해로 마무리했다. 지구를 마치 살아 있는 존재인 가이아로 보면서 인간과의 관계를 생각하는 것은, 죽어 있으면서 영원히 인간에게 유용한 재원을 제공할 것만 같았던 휴머니즘 시대의 지구관에 대한 심각한 도전을 포함한다. 이왕 여기까지 왔으니 한 발만 더 내딛어보자. 지금 가이아는 건강한가?

지금 지구의 생명체는 여섯 번째 대멸종을 기록하고 있다. 과학자들에 따르면 앞으로 몇백 년 안에 지구상의 생물종 가운데 70% 정도가 없어질 거라고 한다. 다섯 번의 대멸종 원인이 운석의 충돌이나 빙하기의 도래 같은 자연적 변화에 따른 것이었다면, 지금의 멸종은 인간에 의한 생태계 파괴가 그 원인이다. 19세기만 해도 50억 마리가 존재했던 여행비둘기는 엽총이 나온 지 50년 만에 완전히 멸종했다.

1만 년 전만 해도 인간과 가축의 무게를 다 더한 것이 지구에 존재하는 전체 동물의 무게 중 0.1% 정도를 차지했다. 나머지 99.9%가 야생동물이었다. 그런데 지금은 인간과 가축의 무게를 다 더한 것이 97%에 달한다. 약 3% 정도가 야생동물의 무게를 전부 합친 것이다. 지구에 야생동물이 많이 살고 있는 것 같지만, 실제로 지구를 점령한 것은 인간이 키운 닭이다. 현재 지구에는

230억 마리의 닭이 살고 있는데, 매년 인간이 640억 마리를 먹어치운다. 실제로 조류 중에서 닭의 무게를 더한 것이 가장 무겁다. 무게를 따질 때 포유류 중에는 소에 이어 2위가 인간이다. 인간은 그 숫자와 무게만으로도 지구의 완벽한 정복자인 셈이다.

지구의 온도는 화석연료 사용의 증가로 자꾸 올라가고 있다. 지구의 온도가 상승해서 빙산과 빙하가 녹으면 온도가 다시 낮아져도 이를 되돌리는 데 수천 년이 걸린다. 그런데 현재로서는 지구의 평균 기온을 산업혁명 이전으로 되돌릴 가능성이 희박하다. 지구의 온도가 올라가면 해류나 기압의 변화와 더불어 쓰나미나 폭풍의 발생 빈도도 높아진다. 인간은 전 지구의 지표로 도시문명을 확장하고 있지만, 가이아의 대응 역시 매우 강해져서 과거에는 보기 힘들었던 쓰나미, 폭염, 호우, 폭설 등이 매년 지구 곳곳을 덮친다. 이 강도는 계속되는 지구온난화로 지구의 평균온도가 올라가면서 더욱 세질 것이며, 해안가의 도시들은 점점 바닷물에 잠기게 될 것이다. 대륙 곳곳의 빙하가 계속 녹게 되면 결국 식수원이 고갈될 것으로 예측되고 있다.

인간이 석탄을 사용한 것은 약 3,000년 전이지만, 본격적으로 석탄을 에너지원으로 사용한 것은 산업혁명이 시작된 약 250년 전부터였다. 석유는 150년 전이다. 석탄과 석유 같은 화석연료가 언제까지 남아 있을지 예측하기 힘들지만, 1,000년 이상 지속될 수 없음은 분명하다. 원자력은 방사능의 위험 때문에 장기적인 대안이 될 수 없으며, 가용 우라늄 매장량도 향후 80여 년 정도에 불과하다. 화석연료와 원자력 에너지를 합쳐도 향후 200~300년을 버틸 수 없다. 미래에 태양에너지 같은 재생에너지로만 지금의 문명을 유지할 수 있을지는 인류의 큰 숙제이다.

사용 가능한 에너지가 불확실한 상황에서 인구는 계속 늘어나고 있다. 2019년 현재 세계 인구가 77억 명이고, 2050년에는 100억 명이 될 것으로 예상한다. 20세기 초 세계 인구가 20억 명이 안 되었다는 사실을 보면, 인구 증가는 최근의 추세이다. 지금까지는 녹색혁명으로 식량이 계속 증산되었지만, 앞으로 이런 경향이 지속될지는 미지수다. 세계 인구가 10억 명 정도에서 멈추고 더는 증가하지 않을 것이라고 봤던 맬서스의 예상은 틀렸다. 하지만 인간이 환경에 묶인 존재라는 그의 통찰력은 예리했으며, 인류세 시대에 빛을 발하고 있다.

2000년 이후 지구과학자들은 인간이 지구의 주인이며 지구의 실질적 지배자가 된 지금의 시대를 인류세라고 부르기 시작했다. 인류세의 문제를 해결하려고 노력하는 사람들은 인류세 시대에서는 인간과 지구 모두가 매우 강력한 존재가 되었음을 강조한다. 인간은 매주 100만 명이 거주하는 도시를 하나씩 만들면서 지구를 바꾸고 있으며, 지구는 마치 인간이 건설한 문명을 집어

삼킬 것처럼 반격을 가하고 있다. 인류세 주창자들은 다른 동물들에게는 없고 인간만이 가지고 있는 책임성과 더불어 인간의 이성과 과학기술이 가진 문제 해결 능력도 강조한다. 그리고 과학기술의 발전으로 이런 문제를 해결할 수 있다는 낙관론자도 꽤 있다.

이에 비해 포스트휴머니스트들은 인간의 문제 해결 능력에 대해 유보적이거나 비판적이다. 하나의 문제를 해결하기 위해 기술을 발전시키면, 그 문제가 설령 해결되더라도 또 다른 문제가 발생하는 게 일반적이기 때문이다. 위험을 해결하기 위해 도입한 기술이 새로운 위험을 낳는다는 것은 1980년대의 위험사회 이론이 일찌감치 간파했던 것이다. 최근에도 대기의 상층 부분에 미세 입자를 살포해서 대기권에 도달하는 태양의 빛을 줄여 지구온난화를 막자는 논의가 미국 과학자들에 의해 진행되고 있다. 그렇지만 이런 입자의 살포가 불러일으킬 위험도 만만찮다. 따라서 포스트휴머니스트들은 기술적인 해법보다는 사회적·문화적·제도적 해법을 모색한다. 간단한 사례를 하나 들자면, 이산화탄소 포집 장치를 만드는 것보다 자동차 대신 자전거를 타는 해법을 선호한다는 것이다. 포스트휴머니스트들은 기술이 복잡한 인간-비인간의 네트워크 속에 들어올 때 예상치 못한 결과를 낳는다는 것이 일반적인 현상임을 잘 알고 있다. 지금 우리에게 필요한 것은 단순하고, 작고, 덜 쓰는 세상을 상상하고 실천하는 일이다.

기후변화와 인류세 시대의 위기 속에서 휴머니스트들은 보편적인 인간애를 외친다. 트랜스휴머니스트들은 과학기술의 발달이 가져올 영생, 불멸, 특이점, 초지능에 집착한다. 일부 사람들은 화성으로 이주하는 꿈을 꾸기도 한다. 반면에 포스트휴머니스트들은 기후변화, 에너지, 인구, 쓰레기, 식량 문제 같은 인류세의 문제를 우리 시대의 심각한 문제로 받아들이고, 이런 문제를 해결하기 위해 노력하고 실천하는 과학자, 시민, 정치인, 예술가 들과 연대하고 있다. 포스트휴머니즘은 생물학, 철학, 사이버네틱스, 지구과학 등의 다양한 개별 과학과 철학의 서로 다른 사조 속에서 싹 트고 발전해오면서, 새로운 감수성으로 세상을 이해하고 느끼려고 노력했다. 지금은 실천을 위해 연대하고, 연대를 통해 실천해야 할 때다. 우리는 과거와 다른 세상에 살고 있고, 포스트휴머니즘은 이런 실천적 연대를 통해 인류세라는 거친 세상을 헤쳐갈 실용적인 감수성이 될 수 있다.

"지금까지 철학자들은 단지 세계를 다양하게 해석해왔을 뿐이다. 문제는 세계를 변혁하는 것이다." 150년도 더 오래된 마르크스의 경구는 인류세를 살아가는 포스트휴머니스트들에게 더더욱 유효하다.

이 책에는 2017년《머니 투데이》에 연재한 내용이 포함되어 있다. 책 출간을 결정하면서 당시 연재한 원고를 확장하고 다듬었으며, 새롭게 쓰기도 했다. 당시 연재는《머니 투데이》의 신혜선 부장님이 제안했고, 원고 마감을 잘 어기는 나를 끈기 있게 기다려주었다. 이 책의 산파 역할을 해주신 데 대해 깊이 감사드린다.

그동안 나는 연구재단에서 지원하는 포스트휴머니즘 연구단(2016S1A5A2A03926283)의 일원으로 여러 선생님과 함께 토론 및 공동 연구를 했으며, 그곳에서 많은 아이디어를 얻었다. 연구단의 선생님들을 비롯해 발표와 토론을 함께 해준 선생님들과 학생들에게 감사드린다. 무엇보다 이 사업단의 궂은일을 도맡아 하고 책의 집필을 독려한 한신대학교 전철 교수님께 특별히 감사드린다.

이 책을 제안하고 책을 만드는 데 수고해준 휴머니스트 편집부에 감사드린다. 그리고 원고를 흔쾌히 읽고 도움말을 주면서 원고 정리까지 도와준 서울대학교 고고미술사학과 대학원의 이지혜 학생에게도 고마움을 전한다. 마지막으로, 친절하게 설명도 해주기는커녕 오랜 시간 동안 혼자만의 관심사인 포스트휴머니즘이라는 추상적인 주제를 붙들고 끙끙대던 나를 너그럽게 포용해준 아내 상민과 아들 준기에게 고마움을 담아 이 작은 책을 선물로 주고 싶다.

참고문헌

1장 진화론, 인간에 대한 관념을 바꾸다

트랜스휴머니즘에 대한 프랜시스 후쿠야마의 논평은 *Foreign Policy*의 특집호(2009년 10월 23일)에 실렸는데, https://foreignpolicy.com/2009/10/23/transhumanism에서 전문을 볼 수 있다. 트랜스휴머니즘의 역사에 대해서는 철학자 닉 보스트롬의 "A History of Transhumanist Thought" (2005) https://nickbostrom.com/papers/history.pdf를 참조. 찰스 다윈의 진화론이 낳은 논쟁에 대해서는 필자의 〈다윈의 진화론과 인간 본성: 비환원주의적 생물-사회-문화학의 출발점에 선 다윈〉, 김세균 외 지음,《다윈과 함께》(사이언스북스, 2015), 97~123쪽을 보라.

2장 트랜스휴먼, SF의 옷을 입다

윌리엄 윈우드 리드의 *The Martyrdom of Man*은 번역본이 없지만 원문을 https://archive.org/details/martyrdomofman72read 사이트에서 읽을 수 있다. 1920~1930년대 영국의 트랜스휴머니즘 전통에 대해서는 Christopher Coenen, "Transhumanism and its Genesis: The Shaping of Human Enhancement Discourse by Visions of the Future," *Humana.Mente: Journal of Philosophical Studies 26* (2014), 35-58을 참조.

3장 사이버네틱스가 인간을 새롭게 정의하다

사이버네틱스의 역사에 대한 간략한 논의가 필자가 쓴 〈몸과 기술: 도구에서 사이버네틱스까지〉, 이거룡 외 지음, 《몸 또는 욕망의 사다리》(한길사, 1999), 177~203쪽에 있다. 기존 사이버네틱스의 역사를 보완하는 최근 저작은 Thomas Rid, *Rise of the Machines: A Cybernetic History* (W.W. Norton & Comapny, 2016)이다. 이 책은 아직 국내에서 번역되지 않았다.

4장 인간과 기계의 잡종 사이보그가 태어나다

1960년에 출판된 네이선 클라인과 맨프레드 클라인스의 "사이보그와 우주" 논문은 인터넷 사이트 http://www.guicolandia.net/files/expansao/Cyborgs_Space.pdf에서, 1960년에 *Life*지에 실린 사이보그에 대한 기사와 화보는 http://cyberneticzoo.com/bionics/1960-cyborg-kline-and-clynes-american에서 볼 수 있다. 1963년 NASA의 "Engineering Man for Space: The Cyborg Study" 보고서는 http://cyberneticzoo.com/wp-content/uploads/2012/01/cyborg-nasa-driscoll-1963.pdf에 있다.

5장 로봇에 대한 공포, 인간의 상상력을 자극하다

로봇의 시조로 꼽히는 자동인형(automata)의 역사에 대해서는 게이비 우드 지음, 《살아 있는 인형》(이제이북스, 2004)이 유용하다. 번역이 안 되었지만 Minsoo Kang, *Subline Dreams of Living Machines* (Cambridge, MA: Harvard University Press, 2011)가 역시 풍부한 정보를 제공한다. 카렐 차페크의 〈R.U.R.〉는 번역본이 있다. 김희숙 옮김, 《로봇—로숨의 유니버설 로봇》(모비딕, 2015) 참조. 로봇 알파와 해리 메이에 대해서는 Matt Novak, "Alpha the Robot Shoots His Inventor(1932)" (2010. 8. 15.) at https://paleofuture.gizmodo.com/alpha-the-robot-shoots-his-inventor-1932-512626230을 참조.

6장 인공지능이 체스 세계 챔피언을 꺾다

인공지능의 초기 역사, 특히 인공지능과 사이버네틱스의 분리에 대해서는 Ronald

Kline, "Cybernetics, Automata Studies, and the Dartmouth Conference on Artificial Intelligence," *IEEE Annals of the History of Computing 33* no. 4 (2011), 5-16을 볼 것. 인공지능의 초기 연구 중 체스에 집중한 과정은 Nathan Ensmenger, "Is Chess the Drosophila of Artificial Intelligence? A Social History of an Algorithm," *Social Studies of Science 42* (2011), 5-30에 잘 분석되어 있다. 퍼셉트론 논쟁에 대한 상세한 분석은 Mikel Olazaran, "A Sociological Study of the Official History of the Perceptrons Controversy," *Social Studies of Science 26* (1996), 611-659를 참조.

7장 앨런 튜링이 생각하는 기계를 검증하는 방법을 고안하다

앤드류 호지스의 *Alan Turing: The Enigma*는 김희주 외 옮김, 《앨런 튜링의 이미테이션 게임》 (동아시아, 2015)로, 호지스가 튜링에 대해 쓴 다른 전기인 *The Great Philosophers: Turing*은 박정일 옮김, 《튜링: 이미테이션 게임》 (해나무, 2015)로 번역되었다. 튜링의 1950년 논문인 "Computing Machinery and Intelligence," *Mind 49* (1950), 433-460은 https://www.csee.umbc.edu/courses/471/papers/turing.pdf에서 볼 수 있다. 튜링의 논문에 숨어 있는 젠더 문제에 대한 분석은 Judith Genova, "Turing's Sexual Guessing Game," *Social Epistemology 8* (1994), 313-326을 참고했다.

8장 초지능, 인류의 친구인가 적인가

닉 보스트롬의 책은 국내에 번역되었다. 조성진 옮김, 《슈퍼인텔리전스—경로, 위험, 전략》 (까치, 2017)을 참조. 초지능 논의에 대한 비판의 일례로 Toby Walsh, "The Singularity May Never Be Near," https://arxiv.org/abs/1602.06462v1를 참조. 바트 사이먼의 '언데드 사이언스'에 대해서는 Bart Simon, "Undead Science:: Making Sense of Cold Fusion After the (Arti)fact," *Social Studies of Science 29* (1999), 61-85를 볼 것.

9장 성찰적인 사이버네티스, 자기 생성 개념으로 이어지다

2차 사이버네틱스에 대해서는 캐서린 헤일스 지음, 허진 옮김, 《우리는 어떻게 포스트휴먼이 되었는가—사이버네틱스와 문학, 정보 과학의 신체들》(플래닛, 2013)의 6장 〈2단계 사이버네틱스〉(239~286쪽)가 도움이 된다. 하인츠 폰 푀르스터에 대해서는 그의 대담집 한 권이 번역되었고, 이 대담집은 그의 생애와 사상을 대략적으로 이해하는 데 유용하다. 하인츠 폰 푀르스터 지음, 백성만 옮김, 《진리는 거짓말쟁이의 발명품이다》(늘봄, 1996). 움베르토 마투라나와 프란시스코 바렐라의 *Autopoiesis*는 국내 번역본이 없지만, 이들이 자기 생성 개념을 대중적으로 풀어낸 *The Tree of Knowledge*는 최호영 옮김, 《앎의 나무》(갈무리, 2007)로 번역되어 있다. 자기 생성 개념의 발전 과정에 대해서는 마투라나와 바렐라가 조금씩 다른 해석을 제시했다. Humberto Maturana Romesin, "Autopoiesis, Structural Coupling and Cognition: A History of These and Other Notions in the Biology of Cognition," *Cybernetics & Human Knowing 9* (2002), 5-34; F. J. Varela, "The Early Days of Autopoiesis: Heinz and Chile," *Systems Research 13* (1999), 407–417을 비교해볼 것.

10장 패러다임이 과학을 다시 정의하다

후기 루트비히 비트겐슈타인의 핵심 저서는 이영철 옮김, 《철학적 탐구》(서광사, 1994)이며, 토머스 쿤의《과학혁명의 구조》는 최근 다시 번역되어 재출간되었다. 토머스 S. 쿤 지음, 김명자·홍성욱 옮김, 《과학혁명의 구조》(까치, 2013) 참조.

11장 새로운 기술철학, 인간-기술의 혼종을 고민하다

마르틴 하이데거의 기술철학은 그의 "기술에 대한 물음"이라는 짧은 논문에 집약되어 있고, 이는 국내에서도 마르틴 하이데거 지음, 이기상 외 옮김, 《강연과 논문》(이학문선, 2008)에 번역되어 있다. 시몽동의 기술철학은 질베르 시몽동 지음, 김재희 옮김, 《기술적 대상들의 존재 양식에 대하여》(그린비, 2011)를 보면 되고, 라투르의 기술철학은 브뤼노 라투르 지음, 장하원 홍성욱 옮김, 《판도라의 희망》(휴머니스트, 2017), 6장 〈인간과 비인간의 집합체—다이달로스의 미궁을 따라서〉(277~336쪽)

에 잘 요약되어 있다.

12장 인공지능, 격렬한 논쟁의 핵이 되다.

1960년대부터 1980년대 초까지 인공지능을 둘러싼 철학적 논쟁에 대한 개요는 Judith V. Grabiner, "Artificial Intelligence: Debates about Its Use and Abuse," *Historia Mathematica 11* (1984), 471-480이 유용하다. J. Weizenbaum의 중요한 저술인 *Computer Power and Human Reason: From Judgment to Calculation* (San Francisco: Freeman, 1976)은 국내 번역본이 없다.

13장 동물은 기계가 아니라는 새로운 감수성이 출현하다

야콥 폰 웍스퀼에 대해서는 정지은 옮김, 《동물들의 세계와 인간의 세계》(도서출판 b, 2012)를 볼 것. 피터 싱어의 《동물해방》도 국내 번역본이 있다. 피터 싱어 지음, 김성한 옮김, 《동물해방》(연암서가, 2012) 참조.

14장 가이아, 지구에 대한 거대한 비전이 만들어지다

제임스 러브록의 기념비적인 첫 논문은 인터넷에서 볼 수 있다. J. Lovelock, "Letter to the Editor: Gaia as Seen Through the Atmosphere," *Atmospheric Environment 6* (1972), 579-580 at http://adsabs.harvard.edu/abs/1972AtmEn...6..579L. 가이아에 대한 프레드 피어스의 논평은 Fred Pearce, "Forum: Gaia, Gaia: Don't Go Away," *New Scientist* (1994. 5. 28). 이 논평은 인터넷에서 전문을 읽을 수 있다. https://www.newscientist.com/article/mg14219274-800-forum-gaia-gaia-dont-go-away참조. '문화적 자폐증'에 대한 토마스 베리의 논평은 한국어 번역본 맹영선 옮김, 《지구의 꿈》(대화문화아카데미, 2013)을, '교만의 기술'에 대한 그레고리 베이트슨의 논평은 박대식 옮김, 《마음의 생태학》(책세상, 2006)을 볼 것. 러브록의 《가이아의 복수》도 국내 번역본(이한음 옮김, 세종서적, 2008)이 있으며, 본문에서 인용한 티켈의 논평은 번역본의 서문에서 인용한 것이다.

그림 출처

10쪽 ©shutterstock, 48쪽 ©Stephen Wolfram, LLC, 57쪽 ©HEXEN 2.0 Suzanne Treister, 60쪽 ©Iapx86, 66쪽 http://umich.edu/~engl415/cyborgs/cyborgessay.htm, 67쪽 ©Fred Freeman, http://cyberneticzoo.com/bionics/1960-cyborg-kline-and-clynes-american, 68쪽 Robert W. Driscoll, Cyborg Program, 1963, 78쪽 http://philosophyofscienceportal.blogspot.com, 93쪽 ©Chuck Painter, 96쪽 Dartmouth Hall Commemorative Plaque., Courtesy of James Moor, 98쪽 ©Computer History Museum, 100쪽 ©shutterstock, 111쪽 ©Sean Michael Ragan, 122쪽 ©shutterstock, 127쪽 ©shutterstock, 130쪽 ©Future of Humanity Institute, 149쪽 Mark Côté, Redrawn from Co Evolution Quarterly and Cybernetics Society Conference brochure CoEvolutionary Quarterly, June 1976, Issue no. 10, pp. 32-44, 154쪽 North American Gordon Pask Archive, 195쪽 ©shutterstock, 233쪽 *New York Times* on 15 April 1980, 215쪽 ©shutterstock, 226쪽 ©shutterstock, 238쪽 ©NASA, Bill Anders

찾아보기

ㄱ

가이아 · 15, 58, 142, 239, 242~244, 250~253, 255~256
감수성 · 9, 14~15, 142~143
고드윈, 윌리엄 · 12, 22~24, 44
고등동물 · 26
공약불가능성 · 179
공진화 · 252
과학기술 · 11~14, 23, 32, 139~140, 193, 196, 217, 225, 258~259
과학혁명 · 21, 179, 245
괴델, 쿠르트 · 110, 112, 172~173, 206
기술철학 · 142, 184, 187, 190, 192, 197~199, 217
길가메시 서사시 · 21

ㄴ

낙관론 · 22~23, 45, 201, 205~206, 217, 250
논리경험주의 · 171~172
논리 이론가 · 98, 203, 205
뉴런 · 49~51, 55, 103
뉴얼, 앨런 · 97~99, 101, 201, 203, 205
뉴턴, 아이작 · 11, 23, 139, 169, 171, 173, 179~180, 183

ㄷ

다빈치, 레오나르도 · 10
다윈, 찰스 · 12, 24, 26, 28~32, 36~37, 220~222, 225
다트머스 학회 · 95, 99, 201
데카르트, 르네 · 11, 79, 139, 141, 179, 219~220, 247
동물해방 · 225, 232
둘레세계 · 222~225
드레이퍼스, 휴버트 · 207~208, 210, 215

ㄹ

라투르, 브뤼노 · 193~194, 196~199, 251

라플라스, 피에르 시몽 · 169
러다이트 운동 · 186
러브록, 제임스 · 58, 239~244, 251~252
레트빈, 제리 · 59, 157
로웰, 갤런 · 237
로젠블랫, 프랭크 · 103
로체스터, 너새니얼 · 95
루만, 니클라스 · 165
르네상스 · 10, 21, 105, 202, 215, 246
리드, 윌리엄 윈우드 · 35~38, 40

ㅁ

마굴리스, 린 · 243, 253
마르크스, 카를 · 140, 185~188. 190. 259
마투라나, 움베르토 · 156~157, 159~162, 164~165, 180, 208
마흐, 에른스트 · 171
매카시, 존 · 92~95, 99, 101, 201, 203, 206
매클루언, 마셜 · 185
맬서스, 토머스 · 23~24, 257
머신 러닝 · 91, 105
메이 해리 · 77~78, 88
메이시 학회 · 91, 151
메타 룰 · 129
미드, 마거릿 · 56, 148, 150, 153
민스키, 마빈 · 92~93, 95, 98, 103~104, 201, 203, 205

ㅂ

바렐라, 프란시스코 · 160~162, 164~165, 180, 208
배비지, 찰스 · 100
버날, 존 데즈먼드 · 42~44
베르그송, 앙리 · 164
베리, 토머스 · 249
베이컨, 프랜시스 · 10, 141, 247
벨 연구소 · 93
보스트롬, 닉 · 130~132, 134, 136
보일, 로버트 · 247
봄베 · 114
비트겐슈타인, 루트비히 · 150, 170~176
빙이, 버너 · 129

ㅅ

사이먼, 바트 · 136
사이먼, 허버트 · 97~99, 101, 201, 203, 205
사이버트론 · 103
사이보그 · 13~14, 43, 61, 65~67, 69~75, 197

산아제한 · 23
생물권 · 239. 241, 243
생존경쟁 · 24, 28, 253
섀넌, 클로드 · 91, 93~95
서보메커니즘 · 52
세이건, 칼 · 240~241
셀프리지, 올리버 · 91, 97
셸리, 메리 · 23, 82
스테이플던, 올라프 · 39~40, 44
시몽동, 질베르 · 190~193

ㅇ

아그리콜라, 게오르기우스 · 245
아시모프, 아이작 · 129, 134
앤더스, 윌리엄 · 237
EDVAC · 51, 112
SNARC · 93
연금술 · 12, 21
와이젠바움, 조지프 · 203~204, 211, 213~214, 216~217
왕립학회 · 35
우주선 · 70, 237
울람, 스타니스와프 · 128
원자론 · 246~247
위너, 노버트 · 51~60, 91, 97, 99, 151, 163~165
윌버포스, 새무얼 · 26
유드코프스키, 엘리저 · 129~130
유인원 · 27, 29
인간중심주의 · 10, 13~14, 181, 222, 228, 249
인류세 · 251, 253, 257~259

ㅈ

자기 생성 · 161~167
자기 조직 체계 · 151
자기 조직화 · 151, 164
자기 지시 체계 · 152, 159
자연선택 · 24, 41
존재의 대사슬 · 21
지구돋이 · 237
진화론 · 12, 24, 26, 31~32, 36, 39, 220, 222, 227, 243

ㅋ

카벨, 스탠리 · 176
카슨, 레이첼 · 227
칸트, 임마누엘 · 169, 183
캅, 에른스트 · 184
커즈와일, 레이 · 128
콩도르세, 니콜라 드 · 12, 22, 24, 44, 220
쿤, 토마스 · 176, 178~181, 241

ㅌ

테크노사이언스 · 194, 198

튜링 기계 · 49, 111

튜링, 앨런 · 49, 91, 107, 109~112, 114~123, 125

튜링 테스트 · 115~116, 118~119, 121~122, 125

티켈, 크리스핀 · 252

틸, 피터 · 20

ㅍ

패러다임 · 104, 178~181, 205, 241

페퍼트, 시모어 · 104

포퍼, 칼 · 171~172

폰 노이만, 존 · 51, 55~56, 91~92, 112, 115, 128

폰 푀르스터, 하인츠 · 150~155, 158~159, 161~162, 165, 180

프랭클린, 벤저민 · 22

프레게, 고틀로프 · 170

프리스틀리, 조지프 · 22

플랑크, 막스 · 91, 179

플랑크톤 · 250

피츠, 월터 · 47~51, 54~56, 58~60, 99, 103, 157, 165

ㅎ

하이데거, 마르틴 · 140~142, 188~193, 197, 207~208, 224

하트리브, 새뮤얼 · 247

항상성 · 52~53, 243, 250

해리슨, 루스 · 227~229

헉슬리, 줄리안 · 43, 156

헉슬리, 토머스 · 26~27

헤르츠, 하인리히 · 170, 172~173

화성 · 239~240, 259

후설, 에드문트 · 140, 208

후쿠야마, 프랜시스 · 19, 33

흄, 데이비드 · 184

힉슨 심포지엄 · 92

힌턴, 제프리 · 104

힐베르트, 다비드 · 110

포스트휴먼 오디세이

휴머니즘에서 포스트휴머니즘까지, 인류의 미래를 향한 지적 모험들

1판 1쇄 발행일 2019년 11월 4일
1판 2쇄 발행일 2020년 8월 3일

지은이 홍성욱

발행인 김학원
발행처 (주)휴머니스트 출판그룹
출판등록 제313-2007-000007호(2007년 1월 5일)
주소 (03991) 서울시 마포구 동교로23길 76(연남동)
전화 02-335-4422 **팩스** 02-334-3427
저자·독자 서비스 humanist@humanistbooks.com
홈페이지 www.humanistbooks.com
유튜브 youtube.com/user/humanistma **포스트** post.naver.com/hmcv
페이스북 facebook.com/hmcv2001 **인스타그램** @humanist_insta

편집주간 황서현 **편집** 임재희 이영란 엄귀영 **디자인** 민진기디자인
용지 화인페이퍼 **인쇄** 청아디앤피 **제본** 정민문화사

ISBN 979-11-6080-299-3 93400

이 도서의 국립중앙도서관 출판예정도서목록(CIP)은 서지정보유통지원시스템 홈페이지(http://seoji.go.kr)와 국가자료공동목록시스템(http://www.nl.go.kr/kolisnet)에서 이용하실 수 있습니다.(CIP제어번호: CIP2019037461)